AF381366

Willy H. Bölling

Setzungen, Standsicherheiten und Tragfähigkeiten von Grundbauwerken

Anwendungsbeispiele und Aufgaben

Springer-Verlag
Wien New York 1972

Professor Dipl.-Ing. Willy H. Bölling
Universidad de Oriente
Escuela de Geologia y Minas
Ciudad Bolivar, Venezuela

Mit 100 Abbildungen

ISBN-13:978-3-211-81049-1   e-ISBN-13:978-3-7091-8299-4
DOI: 10.1007/978-3-7091-8299-4

Vorwort

Wie die Erfahrung immer wieder zeigt, fällt es dem jungen Ingenieur am Anfang seiner beruflichen Laufbahn schwer, das erworbene Schulwissen zur Lösung von praktischen, technischen Aufgaben anzuwenden. Auch der erfahrene Ingenieur steht in der Praxis oft vor dem Problem, Fragen beantworten zu müssen, die nicht in den Rahmen seiner täglichen Routinearbeit fallen.

Es gehört zur selbstverständlichen Berufspraxis, daß der Ingenieur in solchen Fällen zunächst einmal prüft, wie das Problem an anderer Stelle gelöst worden ist, um sich dann an die Lösung seines Problems zu begeben, indem er den Rechengang dem des Beispiels anpaßt und die Ergebnisse mit denen des Beispiels vergleicht. Eine reichhaltige Auswahl von Anwendungsbeispielen stellt daher für den Ingenieur eine wertvolle Unterstützung dar.

Der Verfasser hat in dem vorliegenden Werk eine große Anzahl typischer Aufgaben und Anwendungen aus allen Gebieten des Grundbaues und der Bodenmechanik ausgesucht und in allen Einzelheiten durchgerechnet. Zu jedem Anwendungsbeispiel wird ein kurzer Überblick über die Kenntnisse und Grundlagen gegeben, die zur Lösung der Aufgabe erforderlich sind. Die Ergebnisse der Berechnungen werden diskutiert, um auf Besonderheiten und wertvolle Deutungen hinzuweisen.

Das Werk gliedert sich in fünf selbständige, voneinander unabhängige Darstellungen, in denen folgende Themen behandelt werden: Bodenkennziffern und Klassifizierung von Böden; Zusammendrückung und Scherfestigkeit von Böden; Sickerströmungen und Spannungen in Böden; Setzungen, Standsicherheiten und Tragfähigkeiten von Grundbauwerken; Bodenmechanik der Stützbauwerke, Straßen und Flugpisten.

Es soll keine Erweiterung der großen Liste aller schon veröffentlichten grundlegenden Bücher über Bodenmechanik und Grundbau sein. Es beschränkt sich in voller Absicht auf die Anwendung der Theorien, auf die praktischen Bedürfnisse, und enthält infolgedessen eine Auswahl von Tafeln und Tabellen, die so vollständig wie nur möglich sein soll, um dem Ingenieur die Arbeit zu erleichtern.

Die zur Lösung einer Aufgabe verwendeten Methoden und Formeln wurden aus dem umfangreichen internationalen Schrifttum sorgfältig ausgewählt. Damit soll dem Ingenieur die Möglichkeit gegeben werden, auch ausländische Lösungsverfahren zu verstehen und anzuwenden, auf die er bei der ständig wachsenden Auslandsarbeit mit Sicherheit stoßen muß.

Dieses Werk wird jedoch nicht nur ein Ratgeber für die Praxis sein, sondern wird auch dem Studierenden eine Stütze und Hilfe bedeuten, indem es ihm in anschaulicher Weise erklärt, wie die theoretischen Kenntnisse im praktischen Berufsleben angewendet werden. In vielen Fällen wird ein lebendiges Beispiel mehr zum Verständnis eines Problems beitragen als umfangreiche theoretische Überlegungen. Das praktische Beispiel soll die nüchternen wissenschaftlichen Notwendigkeiten beleben, aber gleichzeitig auch zeigen, wie unerläßlich das eine zum Verständnis des anderen ist.

Es gibt praktisch keine Bauaufgabe, die nicht von bodenmechanischen und grundbaulichen Gegebenheiten beeinflußt wird. In allen jenen Fällen, in denen im Boden oder mit dem Boden gebaut wird, scheint es uns selbstverständlich, daß wir uns mit seinen mechanischen Eigenschaften beschäftigen. Wenn der Boden nur die passive Rolle eines Mediums für die Gründung anderer Ingenieurbauten darstellt, ist die Untersuchung seiner mechanischen Eigenschaften nicht weniger von Bedeutung. Jedem Ingenieur ist heute klar, daß eine falsche Beurteilung der mechanischen Eigenschaften des Untergrundes eine ernsthafte Gefahr für die Standsicherheit des darauf errichteten Bauwerks bedeutet.

Ich wünsche mir, daß der Leser eine Fülle von Anregungen für die richtige, schnelle und wirtschaftliche Lösung seiner Aufgaben finden möge. Der Aspekt der Wirtschaftlichkeit ist daher in allen Fällen besonders beachtet worden. Die beste theoretische Lösung hat keinen Sinn, wenn ein anderer den Auftrag zur Ausführung einer Bauaufgabe erhält, obwohl sein Vorschlag weniger wissenschaftlich, dafür aber um so praktischer und billiger ausgefallen ist. Möge dieses Werk den Zweck erfüllen, zu dem es geschrieben wurde, dem Leser jene Sicherheit zu geben, die er benötigt, eine Aufgabe technisch und wirtschaftlich einwandfrei zu lösen, sie in fachlichen Diskussionen wirksam vorzutragen und zu verteidigen und schließlich erfolgreich in die Tat umzusetzen.

Viele Probleme der Bodenmechanik und des Grundbaues lassen sich schnell und sicher mit Hilfe elektronischer Datenverarbeitung lösen. Die Vielfalt der verschiedenen Programme läßt jedoch keine detaillierte Darstellung der Programmierungsarbeit im Rahmen dieses Buches zu. Zahlreiche Aufgaben sind aber so gehalten, daß ein geübter Programmierer die verwendeten Formeln und Rechenschemata unmittelbar in die gewünschte Computersprache umsetzen kann.

Noch wenig erschlossen ist die elektronische Datenspeicherung für Aufgaben der Bodenmechanik und des Grundbaues. Hier bietet sich für die Zukunft ein ausgedehntes Arbeitsfeld, insbesondere für Standsicherheitsprobleme, Setzungsberechnungen, Fundamentbemessungen und Straßengründungen, dar, dessen Grundzüge angedeutet werden.

Bodenmechanik und Grundbau haben sich in der Vergangenheit überwiegend mit dem Baugrund als Dreiphasensystem — Mineral, Flüssigkeit,

Gas — beschäftigt. Mit fortschreitender Erschließung des Meeres und des Seebodens häufen sich die Aufgaben, in denen der Baugrund als Zweiphasensystem — Mineral, Wasser — untersucht und behandelt werden muß. Neue Problemstellungen werden dadurch aufgeworfen, deren wissenschaftliche Behandlung im Ansatz aufgenommen wurde.

Die Entwicklung der Raumfahrt, die Landung und die Konstruktion von Bauten für Menschen und Geräte auf fremden Planeten wird von uns sehr bald in verstärktem Maße eine Lösung der damit verbundenen bodenmechanischen und grundbautechnischen Probleme verlangen. Eines Tages wird sich die Bodenmechanik mit Aufgaben im Bereich einphasiger Systeme, also mit Böden befassen, die kein Gas und keine Flüssigkeit mehr enthalten und außerdem anderen Schweregesetzen unterliegen.

Die stürmische Entwicklung, die Bodenmechanik und Grundbau seit 1930 erlebt haben, wird also nicht nachlassen, sondern eher noch zunehmen. Gute Grundlagen und eine umfassende Schulung sind eine unerläßliche Voraussetzung für ihre Bewältigung. Möge dieses Werk seinen Beitrag dazu leisten.

Von der Idee zu einem technisch-wissenschaftlichen Buch bis zu seiner Veröffentlichung ist es ein langer, mühevoller Weg. Der Autor kann ihn nur dann erfolgreich gehen, wenn er sich auf die verlegerische Erfahrung und den unternehmerischen Mut seines Verlages verlassen kann. Dem Springer-Verlag in Wien sei herzlich gedankt, daß er in dieser Hinsicht stets ein beispielhafter Partner gewesen ist.

Dank sei auch allen jenen Ingenieuren und Wissenschaftlern gesagt, deren Arbeiten verwertet wurden. Es sind Hunderte. Ihre Namen sind jeweils im Text an der Stelle erwähnt, an der ich ihre Arbeit oder Auszüge daraus verwendet oder erläutert habe.

Ich danke meiner Frau, meinen Mitarbeitern und Kollegen an den europäischen und amerikanischen Universitäten für die Hilfe, die sie mir gewährt haben, und für die Kritik, die dazu beigetragen hat, den wissenschaftlichen und praxisorientierten Wert dieses Werkes zu erhöhen.

C i u d a d   B o l i v a r, im Sommer 1971   **Willy H. Bölling**

Inhaltsverzeichnis

1. Setzung von Bauwerken

1.1 Aufgaben

Aufgabe 1 Setzungsberechnung eines Einzelfundamentes bei lotrecht mittiger Belastung nach den deutschen Richtlinien

Ein Gebäudefundament bewirkt in seiner Gründungssohle eine Bodenpressung von 19,5 t/m². Die Gründungssohle liegt 1,50 m unter der Geländeoberfläche in einem lehmigen Sand mit einem Raumgewicht von $\gamma_g = 1,96$ t/m³. In 2,30 m unter der Geländeoberfläche wurde der mittlere Grundwasserspiegel angetroffen.

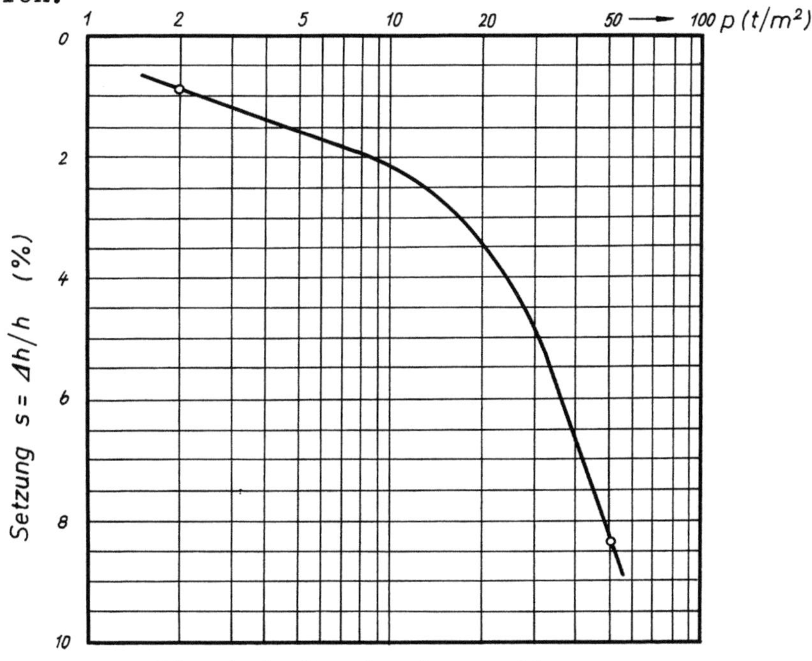

Abb. 1.1   Drucksetzungsdiagramm.

10,30 m unter der Geländeoberfläche befindet sich eine starre Schicht aus dichtem Sand und Kies. Die Abb. 1.1 zeigt das Drucksetzungsdiagramm des lehmigen Sandes. Das

Gebäudefundament ist rechteckig. Seine längere Seite hat
eine Länge von 2a = 2,50 m und die kürzere Seite eine Länge
von 2b = 1,50 m.

Wie groß wird annähernd die Setzung dieses Fundamentes
sein, wenn der lehmige Sand unter der Fundamentlast vollkommen konsolidiert ist?

Grundlagen

In Deutschland ist die Setzungsberechnung bei lotrecht
mittiger Belastung durch die DIN 4019 - Blatt 1 - genormt.
Die Berechnung erfolgt in folgenden Schritten:

a) Ermittlung der Bodenpressung p_0 in der Gründungssohle vor Baubeginn.

b) Ermittlung der Bodenpressung p_s in der Gründungssohle aus den Bauwerkslasten.

c) Ermittlung der zusätzlichen Belastung in der Gründungssohle: $p_1 = p_s - p_0$.

d) Einteilung der setzungsempfindlichen Schicht in
   mehrere möglichst gleich große Teilschichten.

e) Berechnung der Druckverteilung in der Symmetrieachse
   des Fundamentes an der oberen und unteren Grenze
   jeder Schicht:

   Für das Bodeneigengewicht σ_0
   Für die zulässige Belastung σ_1
   Für die gesamte Belastung σ_2

f) Bestimmung der Einheitssetzung aus dem Drucksetzungsdiagramm:

   s_2 aus der Bodenpressung σ_2
   s_0 aus der Bodenpressung σ_0
   $s_1 = s_2 - s_0$ $(\%)$

   Die Setzungen werden für die entsprechenden Bodenpressungen aus dem Drucksetzungsdiagramm abgelesen.

g) Setzungsberechnung jeder einzelnen Teilschicht von
   der Dicke Δz :

$$\Delta s = \frac{1}{2}(s_{oben} + s_{unten}) \cdot \Delta z \qquad (cm) \qquad (1.1)$$

In der Gl. (1.1) bedeuten:

s_{oben} = Einheitssetzung s_1 an der Oberkante einer
       Schicht in %

s_{unten}= Einheitssetzung s_1 an der Unterkante einer
       Schicht in %

$\varDelta z$ = Schichtdicke in m

h) Ermittlung der Gesamtsetzung:

$$s = \sum_{z=0}^{z=n} \varDelta s \qquad (cm) \qquad\qquad (1.2)$$

Für die Setzungsberechnung von Fundamenten, bei denen
a < 2b ist, kann nach den deutschen Richtlinien der
0,75 fache Wert der rechnerischen Setzung des Flächenmittelpunktes angenommen werden. Bei langgestreckten Fundamenten
kann ein gemittelter Wert aus den rechnerischen Setzungen
des Endpunktes, Mittelpunktes und Viertelspunktes der
großen Hauptachse angenommen werden.

<u>Lösung</u>

a) Belastung in der Gründungssohle vor Baubeginn:

$$p_0 = 1,5 \cdot 1,96 = 2,94 \quad t/m^2$$

b) Belastung aus dem Bauwerk:

$$p_s = 19,5 \quad t/m^2$$

c) Zusätzliche Belastung in der Gründungssohle:

$$p_1 = p_s - p_0 = 19,50 - 2,94 = 16,56 \quad t/m^2$$

Die ideelle Belastungshöhe, bezogen auf den Grundwasserspiegel, ist:

$$h_i = \frac{\gamma_g}{\gamma_a} \cdot 2,30 = \frac{1,96}{0,96} \cdot 2,30 = 4,70 \quad m$$

Die Rechenoperationen d) und e) sind in der Tab. 1.1 und
die Rechenoperationen f) bis h) in der Tab. 1.2 durchgeführt.
Die Ergebnisse sind in der Abb. 1.2 dargestellt.

Tabelle 1.1   Berechnung der Druckverteilung in der Symmetrieachse.

Tiefe unter Gelände	Bodengewicht			Bauwerk $p_1 = 16{,}56\ t/m^2$				Gesamt
	γ	h_i	σ_0	a/z	b/z	σ_1/p_1	σ_1	σ_2
m	t/m^3	m	t/m^2	—	—	—	t/m^2	t/m^2
1,50	1,96	1,50	2,94			1,00	16,56	19,50
2,30	1,96	2,30	4,51	1,56	0,94	0,77	12,75	17,26
3,90	0,96	6,30	6,05	0,52	0,31	0,22	3,64	9,69
5,50	0,96	7,90	7,60	0,31	0,19	0,10	1,66	9,26
7,10	0,96	9,50	9,12	0,22	0,13	0,07	1,16	10,28
8,70	0,96	11,10	10,66	0,17	0,10	0,04	0,66	11,32
10,30	0,96	12,70	12,19	0,14	0,09	0,03	0,50	12,69

Tabelle 1.2   Berechnung der Setzung.

Tiefe unter Gelände	z	Einheitssetzungen			Gesamtsetzungen			
		s_2	s_0	s_1	$\frac{1}{2}(s_0+s_u)$	Δz	Δs	s
m	m	%	%	%	%	m	cm	cm
1,50	0	3,00	1,10	1,90	1,60	0,80	1,28	0
2,30	0,80	2,80	1,50	1,30				1,28
3,90	2,40	2,10	1,70	0,40	0,85	1,60	1,36	2,64
5,50	4,00	2,15	1,90	0,15	0,28	1,60	0,45	3,09
7,10	5,60	2,20	2,05	0,15	0,15	1,60	0,24	3,33
8,70	7,20	2,30	2,20	0,10	0,13	1,60	0,21	3,54
10,30	8,80	2,40	2,35	0,05	0,08	1,60	0,13	3,67

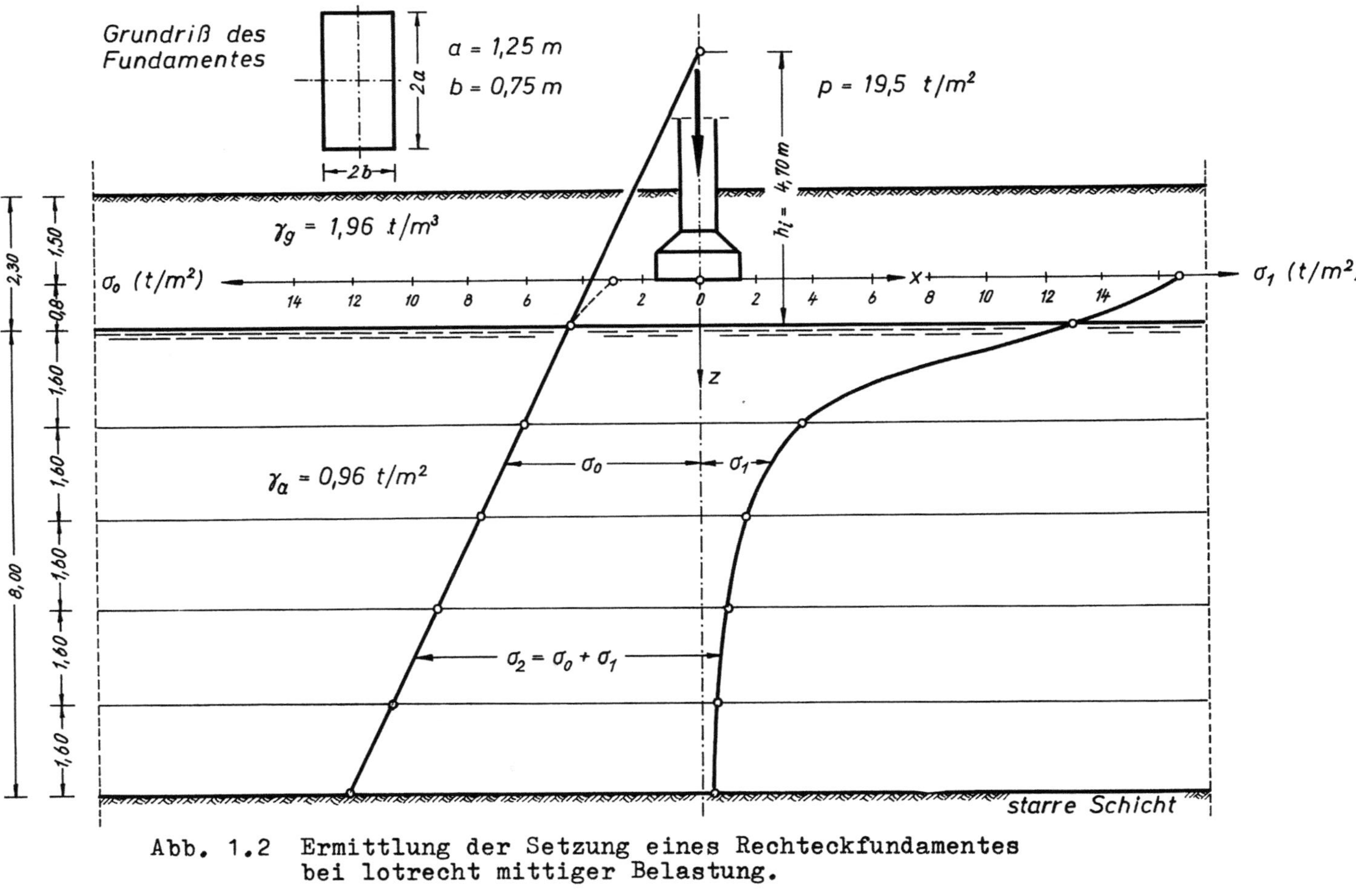

Abb. 1.2 Ermittlung der Setzung eines Rechteckfundamentes bei lotrecht mittiger Belastung.

Der Tab. 1.2 entnimmt man:

$$s = \sum_{z=0}^{z=8{,}80} \varDelta s = 3{,}67 \ cm$$

Die Setzung beträgt somit angenähert:

$$s \cong 0{,}75 \cdot 3{,}67 \cong 3 \ cm$$

Ergebnisse

Ob eine Setzung von $s = 3$ cm für ein Fundament zugelassen werden kann, hängt wesentlich davon ab, welche Konstruktion dieses Fundament zu tragen hat. Bei Fundamenten von Rahmenkonstruktionen und anderen statisch unbestimmten Tragwerken ist eine kleine Variationsbreite für den zulässigen Setzungsunterschied zwischen zwei Fundamenten möglich, die von der Wirtschaftlichkeit der Lösung bestimmt wird. Der Statiker kann seine Konstruktion für einen bestimmten zulässigen Setzungsunterschied auslegen, und der Bodenmechaniker hat zu prüfen, ob dieser Setzungsunterschied erreicht wird und keine Gefahr der Überschreitung besteht.

Bei massiven Gründungskörpern aus Stahlbeton (Silos, Behälter, Schornsteine, Apparate, Hochöfen usw.) können im allgemeinen Setzungen bis zu 20 cm durchaus zugelassen werden, wobei allerdings der Schiefstellung sorgfältige Beachtung zu schenken ist.

Bei Ziegelbauten sollen die Setzungen 3 cm bis 5 cm möglichst nicht überschreiten, wenn Risse vermieden werden oder auf ein Mindestmaß eingeschränkt werden sollen.

Aufgabe 2   Setzung infolge Grundwasserabsenkung

Für einen lehmigen Sand wurde das Druckporenzifferdiagramm (Abb. 1.1) festgestellt. Der mittlere Grundwasserspiegel befindet sich, wie in der Aufgabe 1, in einer Tiefe von 2,30 m unter der Geländeoberfläche. 10,30 unter der

Geländeoberfläche befindet sich eine starre Schicht aus
dichtem Sand und Kies.

Wie groß werden voraussichtlich die Setzungen der Geländeoberfläche sein, wenn der Grundwasserspiegel um 4,80 m
abgesenkt wird?

Grundlagen

Bei der Absenkung des Grundwassers wird der Boden durch
den Wegfall des Auftriebes im abgesenkten Bereich zusätzlich belastet. Die Bodenspannung σ_1 erhöht sich also je ab-
gesenktem Meter Grundwasserspiegel um 1 t/m^2. Die Berechnung erfolgt analog zu dem Rechengang, der in der Aufgabe 1
bereits beschrieben wurde.

Lösung

In der Tab. 1.3 wurde die Druckverteilung infolge der
Grundwasserabsenkung für verschiedene Teilschichten bestimmt.

In der Tab. 1.4 ist die Berechnung der Setzung der Geländeoberfläche infolge einer Grundwasserabsenkung um 4,8 m
durchgeführt.

Die Geländeoberfläche wird sich, wie das Ergebnis der
Tab. 1.4 zeigt, annähernd um s = 3 cm setzen.

Ergebnisse

Unter dem rechteckigen Fundament der Aufgabe 1 betrug
bei einer Sohlpressung von 19,5 t/m^2 die Setzung annähernd
s = 3 cm. Wie das Ergebnis der Berechnungen dieser Aufgabe
zeigt, wird durch eine Grundwasserabsenkung von annähernd
5,0 m ebenfalls eine Setzung der Geländeoberfläche von
annähernd s = 3 cm hervorgerufen.

Man erkennt, daß die Setzung aus der Grundwasserabsenkung in der gleichen Größenordnung liegt wie die Setzung
aus der Fundamentbelastung, sie kann also eine gefährliche
Größenordnung erreichen und muß bei allen Bauaufgaben

Tabelle 1.3 Berechnung der Druckverteilung infolge
einer Grundwasserabsenkung.

Tiefe unter Gelände	Bodeneigengewicht			Grundwasserabsenkung		
	γ	h_i	σ_0	z_N	σ_1	σ_0
m	t/m^3	m	t/m^2	m	t/m^2	t/m^2
0	1,96	0	0	0	0	0
1,00	1,96	1,00	1,96	0	0	1,96
2,30	1,96	2,30	4,51	0	0	4,51
3,90	0,96	6,30	6,05	1,60	1,60	7,65
5,50	0,96	7,90	7,60	3,20	3,20	10,80
7,10	0,96	9,50	9,12	4,80	4,80	13,92
8,70	0,96	11,10	10,66	4,80	4,80	15,46
10,30	0,96	12,70	12,19	4,80	4,80	16,99

Tabelle 1.4 Berechnung der Setzung infolge
einer Grundwasserabsenkung.

Tiefe unter Gelände	Einheitssetzung			Gesamtsetzung			
	s_2	s_0	s_1	$\frac{1}{2}(s_0 + s_u)$	Δz	Δs	s
m	%	%	%	%	m	cm	cm
0	0	0	0	0	0	0	0
1,00	0,90	0,90	0	0	1,00	0	0
2,30	1,50	1,50	0	0	1,30	0	0
3,90	1,90	1,70	0,20	0,10	1,60	0,16	0,16
5,50	2,20	1,90	0,30	0,25	1,60	0,40	0,56
7,10	2,50	2,05	0,45	0,38	1,60	0,61	1,17
8,70	2,80	2,20	0,60	0,53	1,60	0,85	2,02
10,30	2,95	2,35	0,60	0,60	1,60	0,96	2,98

sorgfältig in Betracht gezogen werden. In der Aufgabe 11
(Sickerströmungen und Spannungen in Böden) wurde gezeigt,
daß der abgesenkte Grundwasserspiegel eine parabolische
Form annimmt, die Setzungen entlang der Absenkkurve also
verschieden groß ausfallen müssen. Bei großen Bauwerken
können daraus unzulässig große Setzungsunterschiede zwischen
zwei extremen Punkten des Bauwerkes entstehen.

Aufgabe 3   Setzung statisch unbestimmter Tragwerke
unter lotrechten Lasten

Abb. 1.3 zeigt den Längsschnitt durch eine Plattenbalkenbrücke über fünf Felder. Der Querschnitt des Feldes 0-1
ist in Abb. 1.4 dargestellt. Tab. 1.5 gibt die Stützdrücke
aus dem Eigengewicht der Brücke, den Fundamenten und einer
gleichmäßig verteilten Nutzlast entsprechend Abb. 1.4 an.
Die aus der Stützensenkung der einzelnen Stützen entstehen-
den Stützkräfte sind in der Tab. 1.5 zusammengefaßt.

Die Setzungsempfindlichkeit des Untergrundes ist für
die Stützen 0, 1 und 2 etwas geringer als für die Stützen
3, 4 und 5. Die Abhängigkeit der Setzung von der Belastung
ist als Beispiel in den Abb. 1.9 und 1.10 dargestellt.

Wie groß ist die Setzung jeder einzelnen Stütze, wenn

a)   die Biegesteifigkeit der Plattenbalkenbrücke be-
     rücksichtigt wird   und
b)   die Biegesteifigkeit nicht berücksichtigt wird?

Grundlagen

Die von der Bodenmechanik entwickelten Berechnungsverfahren zur Bestimmung von Setzungen sind dann anwendbar,
wenn sich das untersuchte Fundament frei setzen kann. Dies
ist bei allen statisch bestimmten Bauwerken der Fall. Wenn
jedoch in einem statisch unbestimmten System ein Fundament
durch eine biegesteife Konstruktion mit den anderen Fundamenten verbunden ist, so beeinflußt diese biegesteife Konstruktion die Setzungen der Fundamente beträchtlich.

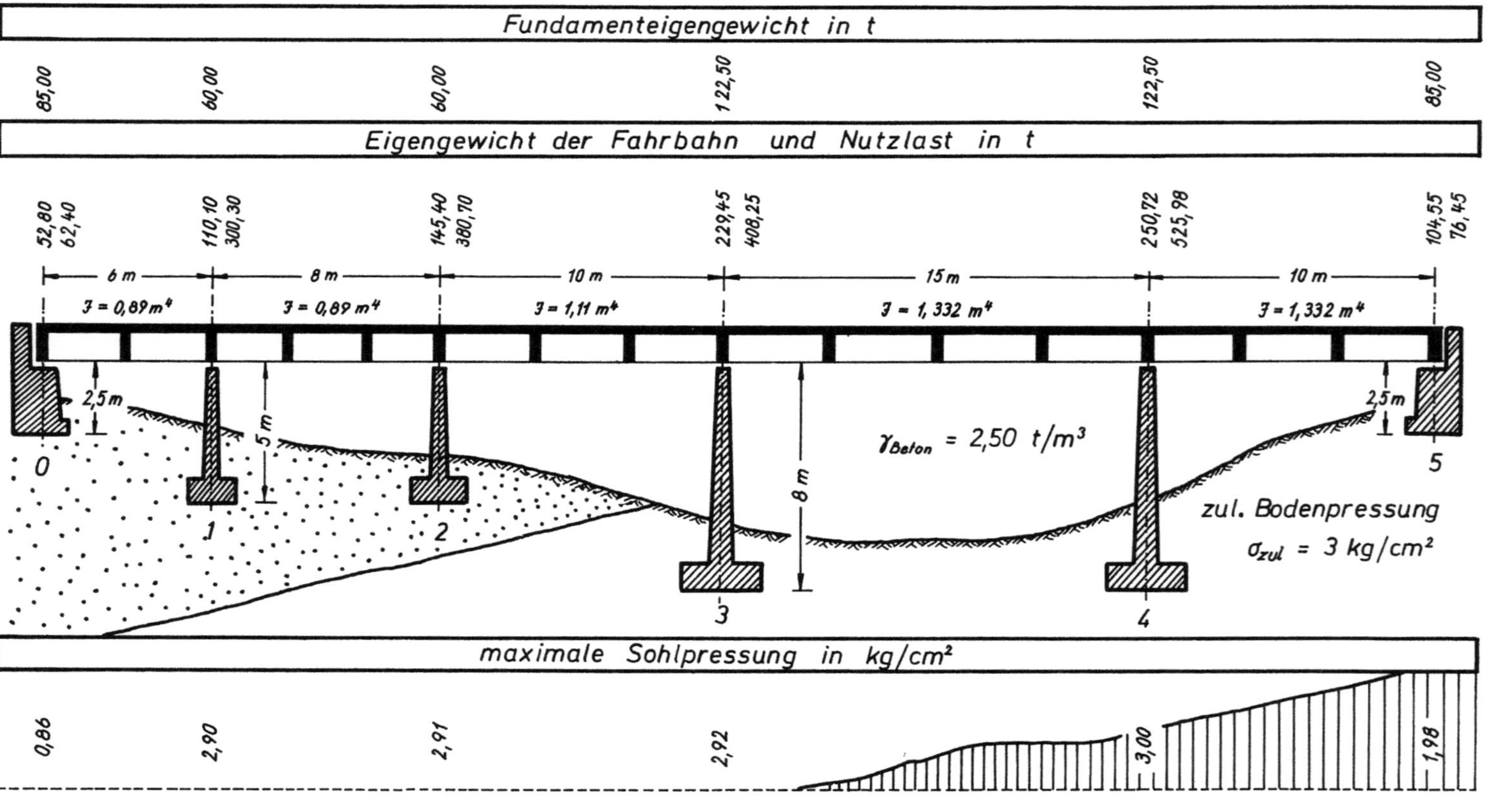

Abb. 1.3 Plattenbalkenbrücke.

Tabelle 1.5   Auflagerkräfte aus Eigengewicht
und Nutzlasten.

Stütze	Eigengewicht der Fahrbahn und Nutzlast	Eigengewicht des Fundamentes	Gesamtlast
	t	t	t
0	+ 115,20	+ 85,00	+ 200,20
1	+ 410,50	+ 60,00	+ 470,50
2	+ 526,10	+ 60,00	+ 586,10
3	+ 637,70	+ 122,50	+ 760,20
4	+ 776,70	+ 122,50	+ 899,20
5	+ 181,00	+ 85,00	+ 266,00

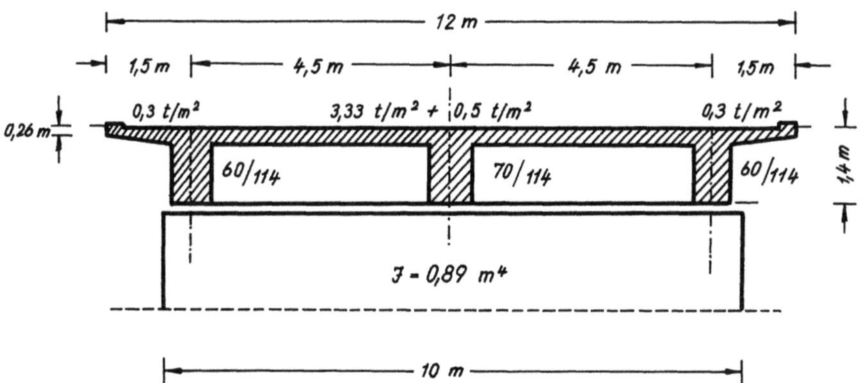

Abb. 1.4   Querschnitt der Plattenbalkenbrücke
im Feld 0-1.

Tabelle 1.6 Beziehungen zwischen Auflagerkräften
und Stützensenkungen.

Stütze	Stützkraft					
	R_0	R_1	R_2	R_3	R_4	R_5
—	(t)	(t)	(t)	(t)	(t)	(t)
1	2	3	4	5	6	7
0	$- 17,15 v_0$	$+ 33,45\ v_0$	$- 18,70\ v_0$	$+ 2,98 v_0$	$- 0,78\ v_0$	$+ 0,20\ v_0$
1	$+ 20,30 v_1$	$- 47,90\ v_1$	$+ 39,90\ v_1$	$- 14,38 v_1$	$+ 2,80\ v_1$	$- 0,72\ v_1$
2	$- 21,80 v_2$	$+ 64,30\ v_2$	$- 73,30\ v_2$	$+ 39,35 v_2$	$- 11,52\ v_2$	$+ 2,97\ v_2$
3	$+ 4,40 v_3$	$- 19,25\ v_3$	$+ 38,29\ v_3$	$- 37,89 v_3$	$+ 21,91\ v_3$	$- 7,46\ v_3$
4	$- 0,63 v_4$	$+ 2,76\ v_4$	$- 8,37\ v_4$	$+ 13,44 v_4$	$- 13,10\ v_4$	$+ 5,90\ v_4$
5	$+ 0,20 v_5$	$- 0,88\ v_5$	$+ 2,65\ v_5$	$- 6,51 v_5$	$+ 9,79\ v_5$	$- 5,25\ v_5$

(−) Zugkraft   (+) Druckkraft   v in mm

In der Praxis ist es weithin üblich, Setzungsunterschiede ohne Berücksichtigung der Biegesteifigkeit des Bauwerkes zu berechnen (PECK/HANSON/THORNBURN 1966, Beispiel DP C-7, S. 295). Die Unterschiede gegenüber einer Berechnung mit Berücksichtigung der Biegesteifigkeit können beträchtlich sein. Sie können zu einer falschen Dimensionierung der Konstruktion führen, die entweder erhebliche Mehrkosten mit sich bringt oder auch zur Gefährdung der Standsicherheit des Bauwerks führen kann. In den meisten Fällen ist daher eine genauere Berechnung der Setzungen unter Berücksichtigung der Bauwerkssteifigkeit unerläßlich. Das hier behandelte Iterationsverfahren stellt ein rationelles Verfahren zur Lösung dieser Aufgabe dar und hat den Vorteil, daß es programmiert werden kann. Die gewünschten Ergebnisse können also im Computer für verschiedene Belastungsfälle errechnet werden und stehen in relativ kurzer Zeit zur Verfügung.

Das Iterationsverfahren beruht auf den nachfolgend beschriebenen Gesetzmäßigkeiten der Stabstatik. Wenn sich die Stütze 2 des durchlaufenden Balkens (Abb. 1.5a) senkt, ergeben sich nach dem Verfahren der Momentefestpunkte (SCHLEICHER 1955, Bd.I, Taschenbuch für Bauingenieure) folgende Momente:

$$M_2 = 6 \cdot E \cdot J_c \cdot v_2 \cdot \left\{ \frac{1 + \dfrac{1}{\alpha_{12}}}{l_2 \cdot l_2' \cdot \left[\left(\dfrac{1}{\alpha_{21}} \cdot \dfrac{1}{\alpha_{12}} \right) - 1 \right]} + \frac{1 + \dfrac{1}{\alpha_{32}}}{l_3 \cdot l_3' \left[\left(\dfrac{1}{\alpha_{23}} \cdot \dfrac{1}{\alpha_{32}} \right) - 1 \right]} \right\} \qquad (1.3)$$

$$M_1 = - \alpha_{12} \cdot \left(M_2 + \frac{6 \cdot E \cdot J_c \cdot v_2}{l_2 \cdot l_2'} \right) \qquad (1.4)$$

$$M_3 = - \alpha_{32} \cdot \left(M_2 + \frac{6 \cdot E \cdot J_c \cdot v_2}{l_3 \cdot l_3'} \right) \qquad (1.5)$$

$$l_i' = l_i \cdot \frac{J_c}{J_i}$$

Alle übrigen Stützenmomente ergeben sich aus der Bedingung, daß die Momentelinie im weiteren Verlauf geradlinig ist und durch die Momentefestpunkte hindurchgehen muß.

α wird die Fortleitungszahl genannt. Sie kann aus folgenden

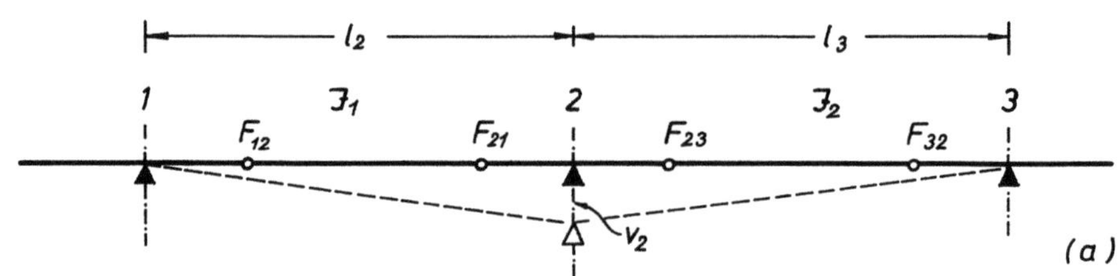

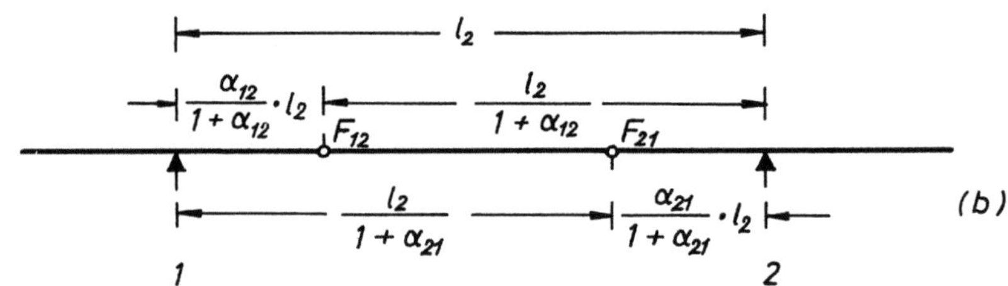

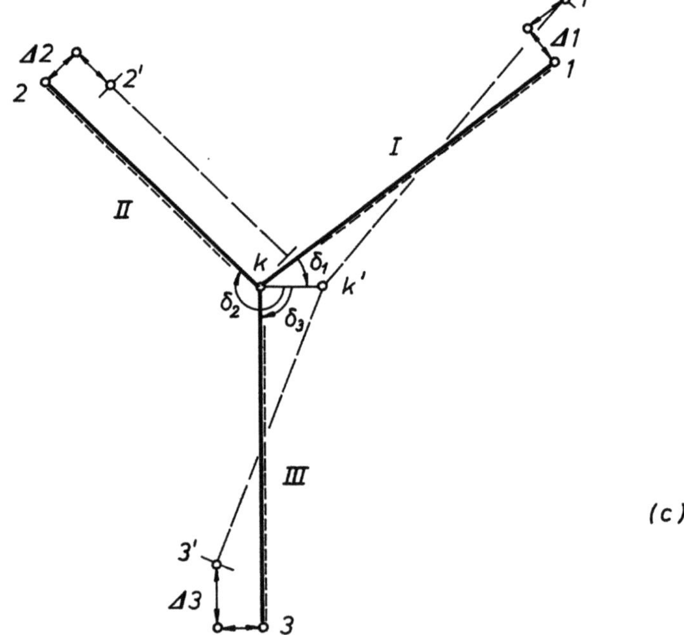

Abb. 1.5 Verfahren der Momentefestpunkte:
a) und b) zweistäbige Knoten,
c) mehrstäbige Knoten.

Gleichungen errechnet werden:

$$\frac{1}{\alpha_{i,\,i+1}} = 2 + (\,2 - \alpha_{i-1,\,i}\,) \cdot \frac{l_i'}{l_{i+1}'} \qquad (1.6)$$

$$\frac{1}{\alpha_{i,\,i-1}} = 2 + (\,2 - \alpha_{i+1,\,i}\,) \cdot \frac{l_{i+1}'}{l_i'} \qquad (1.7)$$

In den Endfeldern ist bei gelenkiger Lagerung $\alpha = 0,5$ und bei eingespannten Stabenden $\alpha = 0$.

Wenn mehr als zwei Stäbe an einem Knoten angreifen (Abb. 1.5c), lassen sich die Stabendmomente im Knoten k ebenfalls nach dem Verfahren der Momentefestpunkte gewinnen.

Wenn der Punkt k eine Verschiebung $v_k = k - k'$ in beliebiger Richtung erfährt und die Verschiebungen der Punkte 1, 2, 3 ... i normal zur Stabachse die Größen $\Delta 1$, $\Delta 2$, $\Delta 3$ usw. haben und positiv eingeführt werden, wenn sie im Sinne einer Vergrößerung der Winkel δ wirken, so wird das Moment des Stabes k-1 im Knoten k:

$$M_{k-1} - \frac{6 \cdot E \cdot J_c \cdot \left[\frac{1+\alpha_{1k}}{l_1} \cdot (v_k \cdot \sin\delta_1 + \Delta 1) + \sum \frac{\mu_i \cdot (1+\alpha_{ik})}{l_i} \cdot (v_k \cdot \sin\delta_i + \Delta i)\right]}{l' \cdot \left(\frac{1}{\alpha_{k1}} - \alpha_{1k}\right)} \qquad (1.8)$$

Die Verschiebungen $\Delta 1$, $\Delta 2$, $\Delta 3$ usw. sind ebenfalls Funktionen der Verschiebung des Knotenpunktes k und nur von der geometrischen Form und den Auflagerbedingungen abhängig.

μ_2, μ_3, μ_i sind Verteilungszahlen, die sich aus dem Moment $M_{k-1} = 1$ unter Berücksichtigung des Vorzeichens ergeben. Es ist:

$$\mu_i = \frac{l_1' \cdot \left(\frac{1}{\alpha_{k1}} - 2\right)}{l_2' \cdot \left(2 - \alpha_{ik}\right)} \qquad (1.9)$$

Die Stabendmomente der Stäbe I, II und III in den Knoten 1, 2 und 3 können wieder mit den Gleichungen (1.4) und (1.5) berechnet werden. Alle weiteren Momente ergeben sich dann durch Verteilung und Weiterleitung.

In den Bestimmungsgleichungen für Stützmomente und Stabendmomente Gl. (1.3) bis (1.5) und (1.8) sind, wie man
sofort erkennt, alle Einflüsse auf die Größe eines Momentes
bei einer gegebenen Stützensenkung nur von den Abmessungen
der Elemente des statischen Systems und ihren elastischen
Eigenschaften abhängig. Für ein gegebenes statisches System
ergeben alle diese Einflüsse einen konstanten Wert. Die
einzige unabhängige Veränderliche ist die Verschiebung v_k.

Ein bestimmtes Stabendmoment oder Stützmoment läßt sich
daher immer in der Form der Gl. (1.10) schreiben:

$$M = c \cdot v_k \qquad (1.10)$$

wobei c die Summe aller konstanten Einflüsse darstellt.

Da die Querkräfte und Auflagerkräfte den Momenten direkt
proportional sind, läßt sich für die Auflagerkraft einer
Stütze i stets schreiben:

$$R_i = a_i \cdot v_k \qquad (1.11)$$

a_i = spezifischer konstanter Wert, abhängig von den
        elastischen Eigenschaften des statischen Systems

v_k = Stützensenkung einer beliebigen Stütze des Systems

Wenn vor der Stützensenkung infolge anderer Belastungen
bereits eine Stützkraft R_{io} vorhanden war, so ist nach der
Stützensenkung:

$$R_i = R_{io} + a_i \cdot v_k \qquad (1.12)$$

Das Vorzeichen der spezifischen Konstante a_i kann positiv
oder auch negativ sein. Wenn die Stützkraft einer Stütze i
für eine Stützensenkung dieser Stütze selbst ermittelt wird,
so ist die spezifische Konstante immer negativ, das heißt,
die Stützkraft nimmt ab, wenn die Stützensenkung größer
wird.

Die spezifische Konstante a_i jeder einzelnen Stütze läßt
sich für einfache statisch unbestimmte Systeme nach einer
der bekannten statischen Methoden ermitteln. Für kompli-
zierte statisch unbestimmte Systeme gibt es genügend
Computerprogramme, die den Einfluß einer Stützensenkung
auf die Stützkräfte des Systems errechnen und aus denen
sich die spezifischen Konstanten a_i schnell bestimmen lassen.

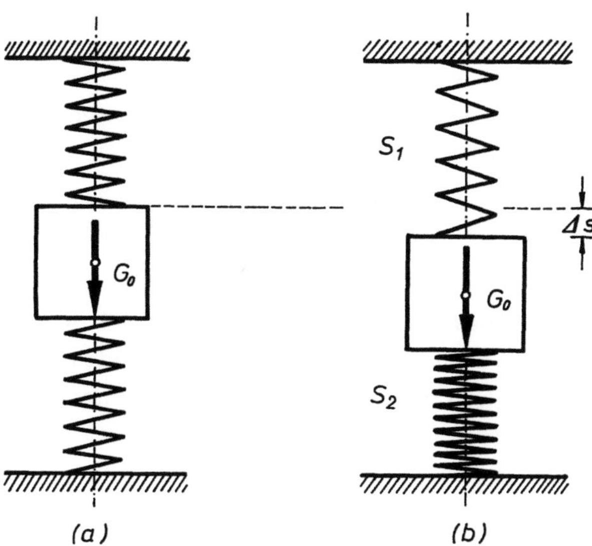

Abb. 1.6   Modell zur Darstellung der Wechselwirkung
zwischen Bauwerk und Baugrund.

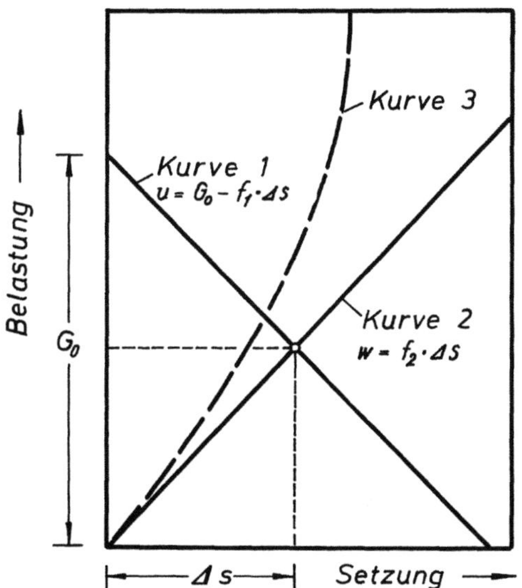

Abb. 1.7   Bestimmung der Formänderung Δs der Federn
in Abb. 1.6.

Die Wechselwirkung zwischen Baugrund und Bauwerk läßt
sich anschaulich am Modell der Abb. 1.6 erklären. Die
Abb. 1.6a zeigt ein Gewicht G_0, das zwischen zwei spannungs-
losen Federn angeordnet ist. Das Gewicht wird zunächst festgehalten, so daß die Federn keine Formänderung erfahren.
Die Größen f_1 und f_2 sind die Federkonstanten.

Abb. 1.6b zeigt die Formänderung der beiden Federn und
die resultierenden Kräfte, wenn das Gewicht nicht mehr festgehalten gedacht wird. In der oberen Feder hat sich eine
nach oben gerichtete Kraft $S_1 = f_1 \cdot \Delta s$ und in der unteren
Feder eine ebenfalls nach oben gerichtete Kraft $S_2 = f_2 \cdot \Delta s$
ausgebildet. Das System aus Federn und Gewicht ist im
Gleichgewicht, wenn:

$$G_0 - S_1 = S_2 \qquad\qquad (1.13)$$

oder:
$$G_0 - f_1 \cdot \Delta s = f_2 \cdot \Delta s \quad \text{ist.} \qquad (1.14)$$

Die rechte Seite der Gl. (1.14) ergibt eine gerade Linie
(Abb. 1.7, Kurve 1):

$$u = G_0 - f_1 \cdot \Delta s \qquad\qquad (1.15)$$

Die linke Seite der Gl. (1.14) ergibt ebenfalls eine
gerade Linie:
$$w = f_2 \cdot \Delta s \qquad\qquad (1.16)$$

Die Gl. (1.15) entspricht in ihrem Aufbau der Gl. (1.12).
Die spezifische Konstante a_i hat die gleiche Bedeutung wie
die Federkonstante f.

Die Gl. (1.14) wird erfüllt, wenn $u = w$ ist. Das ist im
Schnittpunkt der beiden Geraden der Fall (Abb. 1.7). Die
Abszisse des Schnittpunktes stellt die Formänderung Δs der
Federn nach abgeschlossener Formänderung dar. Die Ordinate
des Schnittpunktes gibt die Größe des um die Federkraft S_1
reduzierten Gewichtes G_0 an.

Bei Böden ist die Abhängigkeit zwischen der Belastung
und der Formänderung nicht linear. Sie nimmt einen Verlauf,
der der Kurve 3 (Abb. 1.7) ähnlich ist. Wenn außerdem für
die gerade Linie 1 (Abb. 1.7) anstelle der Gl. (1.15) die
Gl. (1.12) verwendet wird, so gibt die Abszisse des
Schnittpunktes die vertikale Setzung und die Ordinate die

Stützkraft nach abgeschlossener Setzung an.

Für jede Stütze des statischen Systems wird nun ein
Diagramm mit der Abhängigkeit der Stützkraft von der Setzung
aufgetragen (Abb. 1.8, Kurve 1). Dann wird das Setzungsver-
halten des Bodens unterhalb jeder Stütze nach den bekannten
bodenmechanischen Verfahren untersucht und ebenfalls in
die zugehörigen Diagramme eingetragen (Abb. 1.8, Kurve 2).

Nun denkt man sich alle Stützen des Systems festgehalten,
während sich die Stütze, zu der das Diagramm (Abb. 1.8) gehört, setzen kann. Wenn die Setzung vollkommen abgeschlossen
ist, so ergeben sich die partielle Setzung $(\Delta s)_1$ und die
Stützkraft R_i.

Nach diesem ersten Näherungsschritt haben sich die Stützkräfte der übrigen Stützen verändert. Sie werden nach der
Gl. (1.12) mit den entsprechenden spezifischen Konstanten a_i
ermittelt.

Nun läßt man eine andere Stütze des Systems sich setzen,
während alle übrigen Stützen festgehalten gedacht werden,
und ermittelt dafür die resultierende Stützkraft R_i und die
partielle Setzung Δs. Auch für diesen zweiten Schritt
werden wieder die Einflüsse der Setzung auf die Stützkräfte
aller übrigen Stützen nach der Gl. (1.12) ausgerechnet. In
der gleichen Weise verfährt man weiter, bis für alle Stützen
des Systems die partiellen Setzungen ermittelt sind. Dieser
erste Abschnitt des Iterationsverfahrens wird als erster
Umlauf bezeichnet. Am Ende des ersten Umlaufes haben sich
alle Stützdrücke verändert und alle Stützen eine Setzung
erfahren.

Im zweiten Umlauf beginnt man wieder mit der zuerst untersuchten Stütze, zu der das Diagramm (Abb. 1.8) gehört.
$(R_{io})_2$ bezeichnet nun die Stützkraft dieser Stütze, die nach
dem ersten Umlauf vorhanden ist. Der Koordinatennullpunkt
wird für den zweiten Umlauf in den Punkt B verschoben. Die
Stützkraft $(R_{io})_2$ besteht aus zwei Teilen, dem Anteil AB
und dem Anteil BC. Für die Berechnung der partiellen
Setzung des zweiten Umlaufes wird nunmehr nur noch der Anteil BC berücksichtigt, weil für den Anteil BA ja bereits

 1. Setzung von Bauwerken

$$OK = (R_{io})_1 \qquad AB = R_i = (R_{io})_1 - a_i \cdot (\Delta s)_1$$

$$AC = (R_{io})_2 \qquad DE = R_i = (R_{io})_2 - a_i \cdot (\Delta s)_2$$

$$DF = (R_{io})_3 \qquad GH = R_i = (R_{io})_3 - a_i \cdot (\Delta s)_3$$

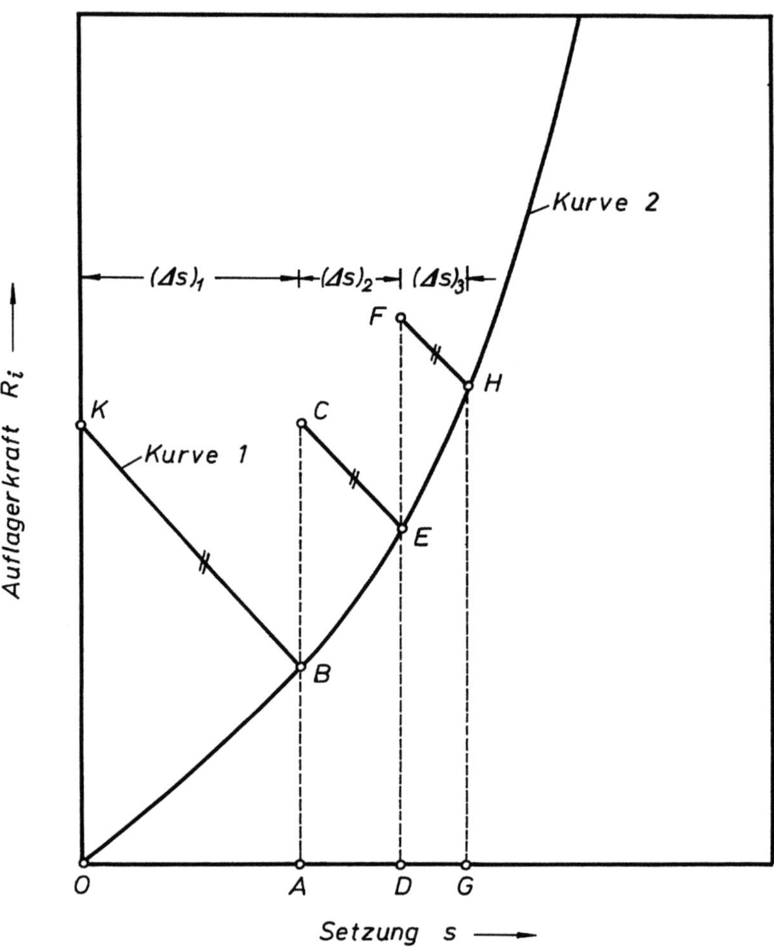

Abb. 1.8   Schema des Iterationsverfahrens.

die Setzung $(\Delta s)_1$ ermittelt wurde. Man erhält die partielle Setzung $(\Delta s)_2$ und eine neue Stützkraft R_i.

In gleicher Weise wird wieder mit allen Stützen des Systems verfahren. Je mehr Umläufe gerechnet werden, desto geringer werden die partiellen Setzungen Δs. Das Iterationsverfahren wird abgebrochen, wenn die partiellen Setzungen Δs hinreichend klein geworden sind.

Abschließend werden die partiellen Setzungen Δs jeder Stütze aus allen Umläufen addiert, und man erhält die Gesamtsetzung jeder einzelnen Stütze und auch die maximalen Setzungsunterschiede zwischen den einzelnen Stützen unter Berücksichtigung der Biegesteifigkeit des gegebenen statischen Systems.

Lösung

Mit den Angaben in den Tab. 1.5 und 1.6 lassen sich die Setzungen der einzelnen Stützen für die gegebene gleichmäßige Verkehrslast errechnen. In den Abb. 1.9 und 1.10 sind die Ergebnisse der einzelnen Rechenschritte graphisch dargestellt. Die Tab. 1.7 zeigt die Berechnung der ersten drei Umläufe der Stützen 0, 1 und 2.

Die schrittweise Berechnung beginnt mit der Stütze 0. Man denkt sich alle übrigen Stützen festgehalten und läßt die Stütze 0 sich setzen (Umlauf 1, Schritt 1). Die Gl. (1.12) lautet für diesen Schritt:

$$R_o = 200,20 - 17,15 \cdot v_o \qquad (1.17)$$

Der Faktor $- 17,15$ wird der Tab. 1.6, Spalte 2, für die Stütze 0 entnommen. Gl. (1.17) ist in Abb. 1.9 als die gerade Linie 1/1 graphisch dargestellt. Der Schnittpunkt dieser Geraden mit der Lastsetzungslinie gibt die maximal mögliche partielle Setzung $\Delta s = v_o = 0,92$ cm. Der Stützdruck reduziert sich bei dieser Setzung nach Gl. (1.12) um $\Delta R = 157,78$ t auf $R_o = 42,42$ t.

Mit den Werten der Tab. 1.6 werden dann die Änderungen der Stützdrücke aller übrigen Stützen berechnet. Der Stützdruck der Stütze 1 erhöht sich um $\Delta R = 33,45 \cdot 9,2 = 307,74$ t

(Spalte 7) und beträgt nach der Rechenoperation 1/1:
R_1 = 778,24 t (Spalte 8).

Der Stützdruck der Stütze 2 ermäßigt sich um
ΔR = 18,70·9,2 = 172,04 t (Spalte 10) und beträgt nach
dem ersten Rechenschritt:R_2 = 414,06 t (Spalte 11).

In gleicher Weise wird die Änderung aller anderen Stützdrücke aus der Setzung der Stütze 0 um 9,2 mm errechnet und
in die Tab. 1.7 eingetragen.

Im zweiten Rechenschritt des ersten Umlaufes (1/2)
werden alle Stützen festgehalten und nur die Stütze 1 zur
Setzung freigegeben. Die Gl. (1.12) lautet in diesem Fall:

$$R_1 = 778,24 - 47,90 \cdot v_1 \qquad (1.18)$$

Der Faktor - 47,90 wird wieder der Tab. 1.6 (Spalte 3)
für die Stütze 1 entnommen. Die Gl. (1.18) ist in Abb. 1.10
als gerade Linie 1/2 graphisch dargestellt. Der Schnittpunkt
dieser Geraden mit der Lastsetzungslinie ergibt die maximal
mögliche partielle Setzung $\Delta s = v_1$ = 1,49 cm. Der Stützdruck reduziert sich bei dieser partiellen Setzung nach
Gl. (1.18) um ΔR = 713,71 t (Spalte 7) auf R_1 = 64,53 t.

Wie beim ersten Schritt des ersten Umlaufes werden auch
beim zweiten Schritt des ersten Umlaufes die Änderungen
der Stützdrücke aller übrigen Stützen mit den Werten der
Tab. 1.6 errechnet und in die Tab. 1.7 eingetragen. Die
Schritte 3, 4, 5 und 6 des ersten Umlaufes erfolgen analog
zu den beschriebenen Schritten 1 und 2 des ersten Umlaufes.

Am Ende des ersten Umlaufes haben sich alle Stützdrücke
verändert und alle Stützen gesetzt. Nach jedem Rechenschritt
muß die Summe aller Stützdrücke genauso groß sein wie vor
Beginn der Iteration. Die Kontrolle muß in diesem Beispiel
stets$\sum R$ = 3182,20 t ergeben.

Der zweite Umlauf beginnt wieder mit der Stütze 0. Der
Stützdruck zu Beginn des zweiten Umlaufes beträgt
R_0 = 143,52 t (Spalte 5). Diese Größe wird in Abb. 1.9 auf
einer Vertikalen durch den Schnittpunkt A aufgetragen. Die
Gl. (1.12) lautet nun:

$$R_0 = (143,52 - 42,42) - 17,15 \cdot v_0 \qquad (1.19)$$

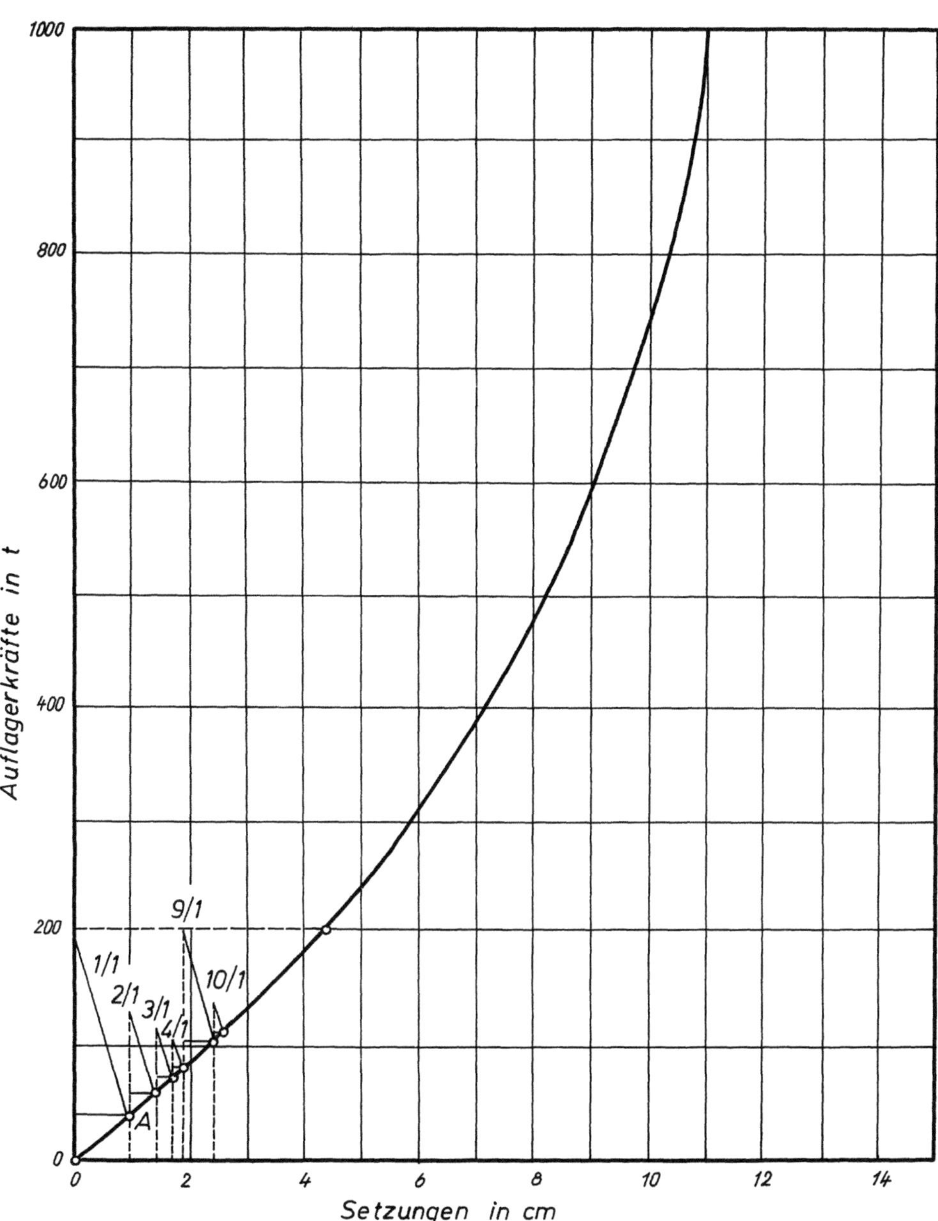

Abb. 1.9 Setzungen der Stütze O.

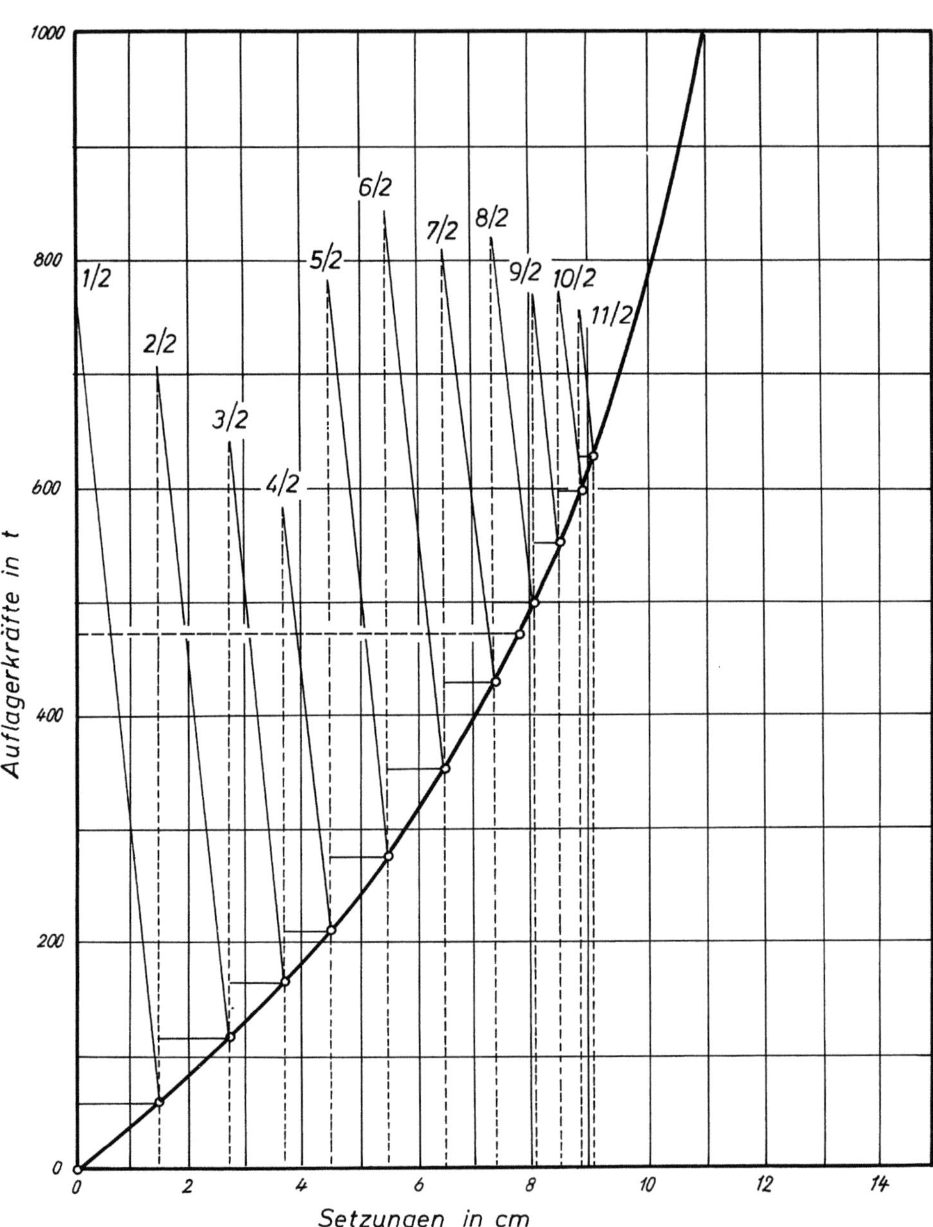

Abb. 1.10 Setzungen der Stütze 1.

Tabelle 1.7 Berechnung der Setzungsunterschiede.

Umlauf	Schritt	R_0			R_1			R_2		
		Δs	ΔR	R	Δs	ΔR	R	Δs	ΔR	R
		(cm)	(t)	(t)	(cm)	(t)	(t)	(cm)	(t)	(t)
1	2	3	4	5	6	7	8	9	10	11
1		----	----	200,20	----	----	470,50	----	----	586,10
	1	0,92	− 157,78	42,42	----	+ 307,74	778,24	----	− 172,04	414,06
	2	----	+ 302,47	344,89	1,49	− 713,71	64,53	----	+ 594,51	1008,57
	3	----	− 283,40	61,49	----	+ 835,90	900,43	1,30	− 952,90	55,67
	4	----	+ 121,44	182,93	----	− 531,30	369,13	----	+ 1056,80	1112,47
	5	----	− 54,75	128,18	----	+ 239,84	608,97	----	− 727,35	385,12
	6	----	+ 15,34	143,52	----	− 67,50	541,47	----	+ 203,25	588,37
2	1	0,50	− 85,75	57,77	----	+ 167,25	708,72	----	− 93,50	494,87
	2	----	+ 249,69	307,46	1,23	− 589,17	119,55	----	+ 490,77	985,64
	3	----	− 261,60	45,86	----	+ 771,60	891,15	1,20	− 879,60	106,04
	4	----	+ 106,04	151,90	----	− 463,93	427,22	----	+ 922,79	1028,83
	5	----	− 28,98	122,92	----	+ 126,96	554,18	----	− 385,02	643,81
	6	----	+ 2,38	125,30	----	− 10,47	543,71	----	+ 31,54	675,35
3	1	0,30	− 51,45	73,85	----	+ 100,35	644,06	----	− 56,10	619,25
	2	----	+ 200,97	274,82	0,99	− 474,21	169,85	----	+ 395,01	1014,26
	3	----	− 252,88	21,94	----	+ 745,88	915,73	1,16	− 850,28	163,98
	4	----	+ 91,52	113,46	----	− 400,40	515,33	----	+ 796,43	960,41
	5	----	− 6,87	106,59	----	+ 30,08	545,41	----	− 91,23	869,18
	6	----	----	----	----	----	----	----	----	----

Der Betrag $\Delta R = 42{,}42$ t muß vom gegebenen Stützdruck $R_0 = 143{,}52$ abgezogen werden, da sich die Stütze unter dieser Last bereits beim ersten Schritt des ersten Umlaufes vollständig gesetzt hat. Die weitere Berechnung erfolgt analog zu den Berechnungen des ersten Umlaufes.

Für den zweiten Schritt des zweiten Umlaufes (Stütze 1) lautet die Gl. (1.12):

$$R_1 = (708{,}72 - 64{,}53) - 47{,}90 \cdot v_1 \qquad (1.20)$$

Diese Gleichung ist durch die Gerade 2/2 in Abb. 1.10 graphisch dargestellt.

Für den dritten Schritt des zweiten Umlaufes (Stütze 2) lautet die Gl. (1.12):

$$R_2 = (985{,}64 - 55{,}67) - 73{,}30 \cdot v_2 \qquad (1.21)$$

In dieser Weise werden die Setzungen aller Stützen unter Berücksichtigung der Biegesteifigkeit der Konstruktion Schritt für Schritt errechnet.

In den Spalten 3, 6 und 9 der Tab. 1.7 erscheinen die partiellen Setzungen jedes einzelnen Schrittes. Ihre Summe ergibt die Gesamtsetzung jeder einzelnen Stütze.

Die gestrichelten horizontalen Linien in den Abb. 1.9 und 1.10 geben die Setzung der Stützen für eine gleichmäßig verteilte Verkehrslast ohne Berücksichtigung der Biegesteifigkeit an.

In der Tab. 1.8 sind die Setzungen mit und ohne Berücksichtigung der Biegesteifigkeit einander gegenübergestellt.

Ergebnisse

Man erkennt, daß im Gegensatz zu den Schlußfolgerungen verschiedener Autoren sich keineswegs immer eine Verminderung der Setzungsunterschiede ergibt, wenn die Biegesteifigkeit berücksichtigt wird. Der Setzungsunterschied in den Endfeldern wird erheblich größer (im Feld 0-1 um 2,21 cm und im Feld 4-5 um 2,95 cm mehr als bei einer Berechnung ohne Berücksichtigung der Biegesteifigkeit). Dagegen nimmt der Setzungsunterschied zwischen den Stützen 1 und 2 und den

Stützen 2 und 3 deutlich ab. Die Veränderungen sind so auffallend, daß eine Vernachlässigung ihres Einflusses in den Endfeldern zu einer gefährlich unterdimensionierten Bewehrung führen muß, während die Bewehrung in den Mittelfeldern unwirtschaftlich groß gewählt würde, wenn die Setzungsunterschiede aus einer Berechnung ohne Berücksichtigung der Biegesteifigkeit angenommen würden.

Tabelle 1.8 Gesamtsetzungen und Setzungsunterschiede der Stützen der Plattenbalkenbrücke in Abb. 1.3.

Stütze	Setzungen in cm			
	Gesamt	Differenz	Gesamt	Differenz
	ohne Biegesteifigkeit		mit Biegesteifigkeit	
0	4,35		2,58	
		3,50		6,56
1	7,85		9,14	
		1,13		0,86
2	8,98		8,28	
		4,12		2,07
3	13,10		10,35	
		0,50		4,31
4	13,60		14,66	
		4,60		7,55
5	9,00		7,11	

Der mittlere Setzungsunterschied beträgt bei Berücksichtigung der Biegesteifigkeit 4,26 cm und bei Vernachlässigung der Biegesteifigkeit 2,77 cm.

Die Berechnung ergibt außerdem, daß sich die Stützdrücke nach abgeschlossener Setzung bei den Stützen 1, 2 und 4 über das zulässige Maß erhöht haben, das heißt, daß die zulässige Bodenpressung nicht mehr eingehalten wird.

Eine andere Untersuchung des Verfassers hat ergeben, daß sich die Baukosten eines statisch unbestimmten Bauwerkes infolge eines Setzungsunterschiedes von 1 cm um 15 % und mehr erhöhen können. Der Einfluß der Biegesteifigkeit ist also sowohl in technischer als auch in wirtschaftlicher Hinsicht bedeutend. Nur bei Böden mit geringer Setzungs-

empfindlichkeit ist ihr Einfluß vergleichsweise gering. Für
dieselbe Plattenbalkenbrücke ergab eine andere Untersuchung für eine maximale Einzelsetzung einer Stütze von
2 cm einen maximalen Setzungsunterschied von höchstens 2 mm.

Die Wechselwirkung zwischen Boden und Bauwerk ist wegen
ihrer technischen und wirtschaftlichen Bedeutung von verschiedenen anderen Autoren behandelt worden (WINGATE 1938,
MEYERHOF 1953, KEZDI 1959). Einige Untersuchungsergebnisse
von MEYERHOF (1953) sind in der Abb. 1.11 wiedergegeben.
Dieses Diagramm ist dann anwendbar, wenn ein Bauwerk
symmetrisch ausgebildet und symmetrisch belastet ist.

1.2   Berechnungstafeln und Zahlenwerte

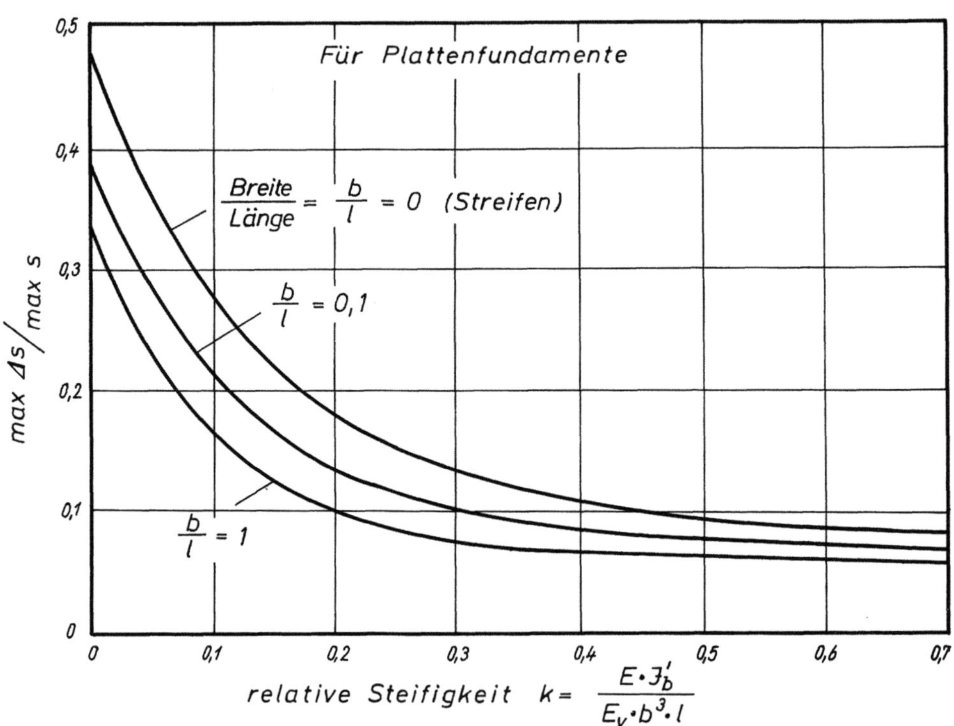

Abb. 1.11 Diagramm von MEYERHOF (1953) zur Ermittlung
von Setzungsdifferenzen:
$E \cdot J_b'$ = wirksame Biegesteifigkeit der Konstruktion,
E_V = Steifezahl des Baugrundes.

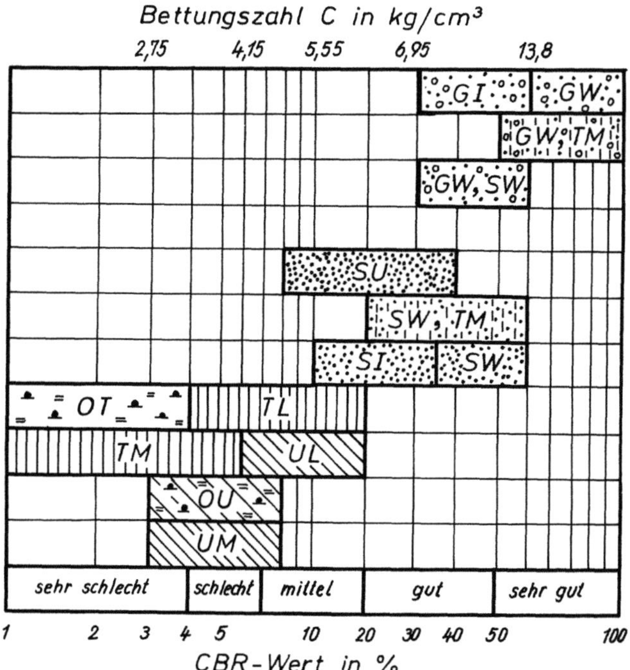

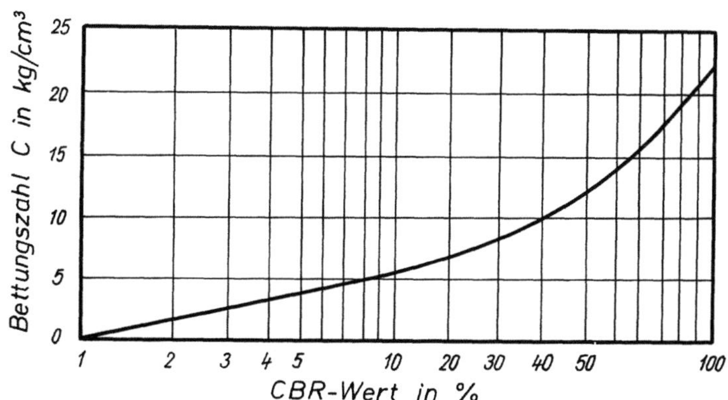

Abb. 1.12   Beziehungen zwischen der Bettungszahl C
und dem CBR-Wert:
Klassifizierung der Böden nach DIN 18 196, Entwurf 1967.

1.3 Literatur

TIMOSHENKO (1940) Advanced strength of materials.
D. Van Nostrand Company Princeton, New Jersey.

ZUSSE LEVINTON (1947) Elastic foundations analyzed by the
method of redundant reactions. Proceedings ASCE.

TAYLOR (1948) Fundamentals of soil mechanics. Wiley & Sons
New York.

MEYERHOF (1953) The bearing capacity of foundations under
eccentric and inclined loads. Proceedings III. Int.
Conf. Soil Mech. Found. Eng. Zürich, Bd. I, S. 440.

SKEMPTON/BJERRUM (1957) A contribution to the settlement
analysis of foundations on clay. Géotechnique 7, 4.

DIN 4019 (1958) Baugrund. Setzungsberechnungen bei lotrechter mittiger Belastung. Richtlinien.

KEZDI (1959) Bodenmechanik. Akadémiai Kiadó Budapest.

BRINCH HANSEN/LUNDGREN (1960) Hauptprobleme der Bodenmechanik. Springer-Verlag Berlin-Göttingen-Heidelberg.

NEUBER (1961) Setzungen von Bauwerken und ihre Vorhersage.
Berichte aus der Bauforschung, H. 19.

KERISEL (1963) Nécessité de rapporter les tassements au
rayon moyen de la surface chargée et les pressions
appliquées aux pressions limites. Proceedings Europ.
Baugrundtagung Wiesbaden, Bd. I, S. 83.

TASSIOS (1963) Estimation pratique des tassements differés
d'un pieu pendant un essai de chargement. Proceedings
Europ. Baugrundtagung Wiesbaden, Bd. I, S. 95.

MUHS/WEISS (1963) Die Berechnung der Bauwerksteifigkeit
von Hochhäusern aus den Ergebnissen der Setzungsbeobach-
tungen. Die Bautechnik 40, S. 377.

SCHULTZE (1964) Zur Definition der Steifigkeit des Bauwerks und des Baugrundes sowie der Systemsteifigkeit bei
der Berechnung von Gründungsbalken und -platten.
Der Bauingenieur 39, S. 222.

2. Standsicherheit von Böschungen

2.1 Aufgaben

Aufgabe 4   Der Sicherheitsfaktor

Abb. 2.1 zeigt eine endliche Böschung aus bindigen Böden, deren mittlere Kohäsion $c = 0{,}2$ kg/cm^2, mittlerer Reibungswinkel $\varphi = 16°$ und mittleres Raumgewicht $\gamma = 2$ t/m^3 beträgt.

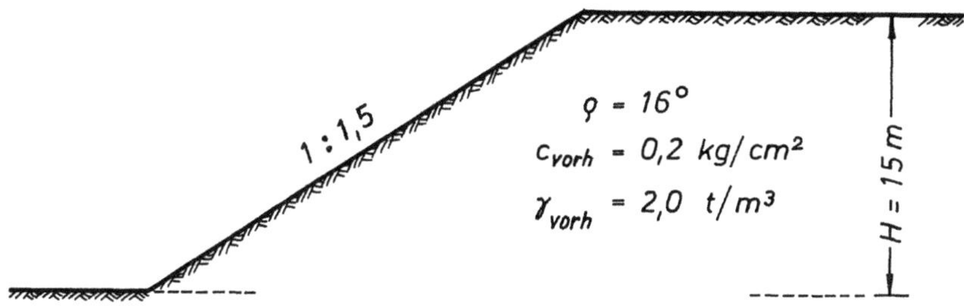

Abb. 2.1   Endliche Böschung.

Für diese Böschung wurde untersucht, bei welchen Mindestwerten für die Kohäsion und den Reibungswinkel gerade noch Gleichgewicht besteht. Die Ergebnisse sind in der Tab. 2.1 zusammengestellt.

Tabelle 2.1   Grenzscherparameter.

φ	$tg\,\varphi$	c
Grad	—	t/m^2
0	0,000	4,80
5	0,087	3,51
10	0,176	2,52
15	0,268	1,68
20	0,364	1,02
25	0,466	0,52
30	0,577	0,21
33° 40'	0,667	0,00

Wie groß ist bei den gegebenen Scherparametern:
a) die Sicherheit für die Haftfestigkeit,
b) die Sicherheit für den Reibungsbeiwert,
c) die Sicherheit für den Scherwiderstand?

Grundlagen

Für jede Böschung läßt sich eine Vielzahl von Wertepaaren (ϱ_{min} und c_{min}) angeben, für die die Böschung gerade noch im Gleichgewicht steht. Wenn also die vorhandenen Scherparameter ϱ und c gerade genauso groß sind wie die Grenzscherparameter ϱ_{min} und c_{min}, so muß die Böschung standsicher sein. Die Standsicherheit wird erhöht, wenn die vorhandenen Scherparameter ϱ und c größer sind als die Grenzscherparameter.

Man kommt zu einer klaren Definition des Sicherheitsfaktors, wenn man die vorhandenen Scherparameter mit den Grenzscherparametern vergleicht.

In der Literatur findet man in diesem Zusammenhang drei verschiedene Definitionen der Standsicherheit:

a) Standsicherheit für die Haftfestigkeit η_c
b) Standsicherheit für den Reibungsbeiwert η_ϱ
c) Standsicherheit für den Scherwiderstand η_s

Die Standsicherheit für die Haftfestigkeit ergibt sich für den Fall, daß die Reibung vollkommen in Anspruch genommen ist. Es ist dann:

$$\eta_c = \frac{c}{c''} \qquad und \qquad \eta_\varrho = \frac{tg\,\varrho}{tg\,\varrho''} = 1 \qquad (2.1)$$

c und tg ϱ = vorhandene Scherparameter (durch Laborversuche bestimmt)

c" und tg ϱ" = erforderliche Scherparameter (Grenzscherparameter)

Es läßt sich außerdem zeigen, daß die erforderliche Kohäsion c" der Höhe H einer Böschung direkt proportional ist, daher bezeichnet man den Sicherheitsfaktor η_c auch als Standsicherheit für die Böschungshöhe η_H . Dieser Sicherheitsfaktor drückt das Verhältnis der kritischen Böschungshöhe (die Böschung ist gerade noch standsicher) zur vorhandenen Böschungshöhe aus.

Die Standsicherheit für den Reibungsbeiwert ergibt sich für den Fall, daß $c = c''$ ist.

Es ist also:

$$\eta_g = \frac{tg\varphi}{tg\varphi''} \qquad und \qquad \eta_c = \frac{c}{c''} = 1 \qquad\qquad (2.2)$$

Die Standsicherheit für den Scherwiderstand ergibt sich für den Fall, daß $\eta_g = \eta_c$ ist. Es ist also:

$$\eta_c = \eta_g = \eta_s \qquad\qquad (2.3)$$

Der Sicherheitsfaktor η kann schnell bestimmt werden, wenn für eine gegebene Böschung der funktionale Zusammenhang zwischen φ_{min} und c_{min} bekannt ist. Mit Abb. 2.3 ist:

$$\eta_g = \eta_c = \eta_s = \frac{OB}{OA} \qquad\qquad (2.4)$$

Der Punkt B ergibt sich aus den vorhandenen Scherparametern des Bodens: c_{vorh} und tg φ vorh.

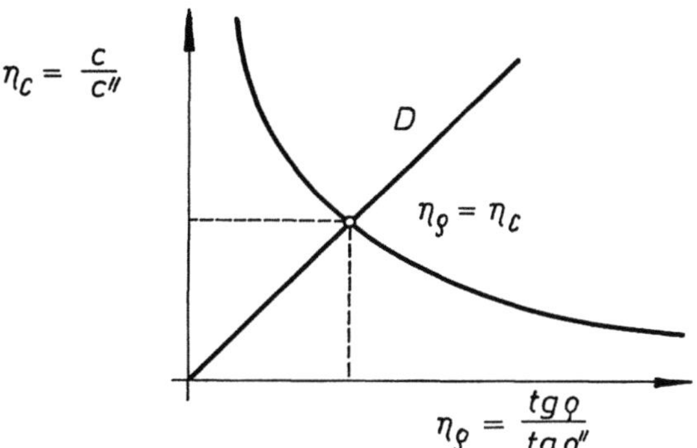

Abb. 2.2 η_c als Funktion von η_g .

Die Standsicherheit für den Scherwiderstand kann auch ermittelt werden, indem man η_c als Funktion von η_g aufträgt (Abb. 2.2).

Dort, wo die Diagonale D die so ermittelte Kurve scheidet, ist $\eta_c = \eta_g$.

FELLENIUS (1936) verwendet bei seinen Stabilitätsuntersuchungen noch einen anderen Sicherheitsbegriff, der sich auf einen Vergleich von statischen Momenten um den Mittelpunkt des Gleitkreises stützt:

$$\eta = \frac{M_R}{M_A} \qquad\qquad (2.5)$$

M_R = Moment um den Mittelpunkt des Gleitkreises aus den der Rutschung entgegenwirkenden Kräften

M_A = Moment um den Mittelpunkt des Gleitkreises aus den die Rutschung hervorrufenden Kräften

Ein weiteres Verfahren wurde von FRÖHLICH (1950) entwickelt, in dem der Sicherheitsfaktor ebenfalls aus einem Vergleich von statischen Momenten hergeleitet wird.

Welche Sicherheitsfaktoren im einzelnen Falle angewendet werden, wird bei der Behandlung der Standsicherheitsprobleme in den nachfolgenden Aufgaben ausführlich besprochen.

Im allgemeinen soll die Standsicherheit für jede der genannten Berechnungsarten mindestens $\eta = 1,5$ betragen. Wenn besonders ungünstige Beanspruchungen vorliegen, kann die Standsicherheit auf $\eta = 1,1$ herabgesetzt werden.

<u>Lösung</u>

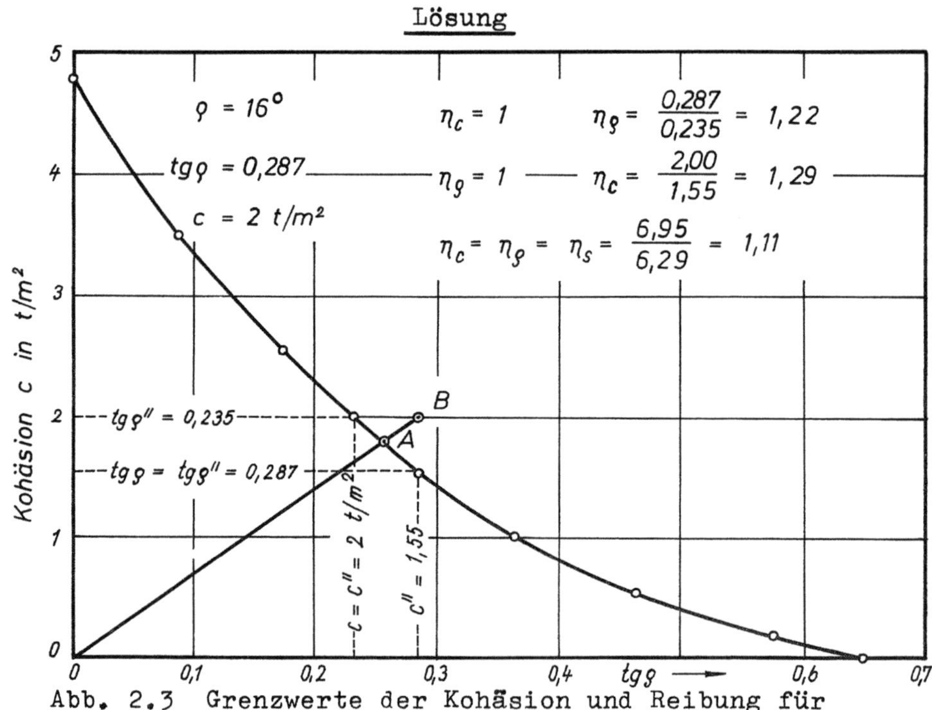

Abb. 2.3 Grenzwerte der Kohäsion und Reibung für die Bestimmung der Standsicherheit einer Böschung.

In der Abb. 2.3 sind die Werte der Tab. 2.1 in ihrer Abhängigkeit voneinander graphisch dargestellt. Jedes vorhandene Wertepaar c_{vorh} und tg ϱ vorh, das einen Punkt auf oder
oberhalb der dort dargestellten Kurve ergibt, bedeutet eine
Standsicherheit der Böschung von $\eta \cong 1$.

Wählt man c" = c = 2,0 t/m², so ist η_c= 1 und tg ϱ"= 0,235.
Die Standsicherheit für den Reibungsbeiwert ist somit:

$$\eta_\varrho = \frac{0,287}{0,235} = 1,22$$

Wählt man tg ϱ = tg ϱ" = 0,287, so ist η_ϱ= 1 und
c" = 1,55. Die Standsicherheit für die Haftfestigkeit ist
somit:

$$\eta_c = \frac{2,00}{1,55} = 1,29$$

Die Standsicherheit für den Scherwiderstand ist:

$$\eta_s = \frac{OB}{OA} = \frac{6,95}{6,29} = 1,11$$

Ergebnisse

Der Abb. 2.3 entnimmt man sofort, daß die Standsicherheit für die Haftfestigkeit zunähme, wenn die vorhandene
Kohäsion des Bodens größer wäre. Umgekehrt nähme die Standsicherheit für den Reibungsbeiwert zu, wenn der Reibungswinkel größer wäre.

Die Standsicherheit für den Scherwiderstand würde sich
sowohl bei größeren Werten der Kohäsion als auch bei
größeren Werten der Reibung entsprechend erhöhen.

Es kommt allein auf das Verhältnis der vorhandenen Kohäsion zum vorhandenen Reibungsbeiwert an, ob $\eta_c > \eta_\varrho$ oder
$\eta_c < \eta_\varrho$ wird. In jedem Falle ist aber $\eta_s < \eta_\varrho$ bzw. η_c .

Aufgabe 5   Aktiver Erddruck, passiver Erddruck und Standsicherheit einer unendlichen Böschung aus nichtbindigen Böden ohne Grundwasserströmung

Ein Sand hat einen wirksamen Reibungswinkel von $\varphi = 34°$. Die Kohäsion ist gleich Null, und das Raumgewicht $\gamma = 1{,}82$ t/m³

Welchen Neigungswinkel β darf eine unendliche Böschung nicht überschreiten, wenn sie standsicher sein soll?

Wie groß sind in einer Tiefe von $z = 8$ m der aktive und passive Erddruck:

a) in einer unendlichen Böschung mit einem Neigungs-
    winkel $\beta = 22°$,

b) in einem Gelände mit horizontaler Geländeoberfläche
    $(\beta = 0)$?

Grundlagen

In einer Tiefe z unterhalb der Böschungsoberfläche einer unendlichen Böschung (Abb. 2.4) herrscht die vertikale Spannung $p_v = \gamma \cdot z \cdot \cos \beta$ (t/m²).   (2.6)

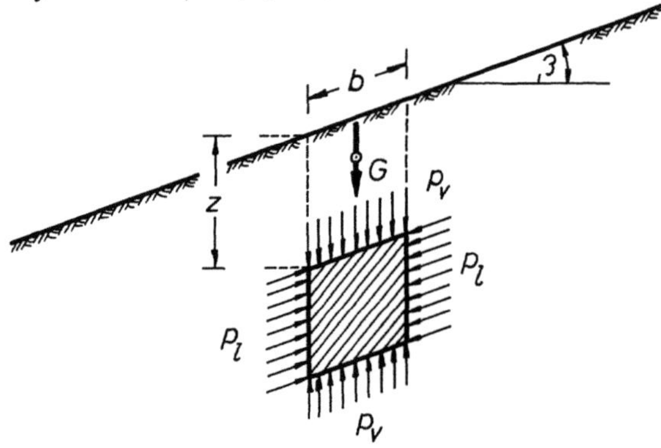

Abb. 2.4   Bodenelement in einer unendlichen Böschung.

In einem Mohrschen Spannungskreis (Abb. 2.5) wird die vertikale Spannung p_v durch die Gerade OA repräsentiert. Die Gleitebene verläuft bei einer unendlichen Böschung parallel zur Böschungsoberfläche. Die Mohrschen Spannungskreise müssen durch den Punkt A hindurchgehen, dürfen die Schergerade aber nicht schneiden. Aus der Vielzahl von

möglichen Spannungskreisen, die diese Bedingung erfüllen,
haben zwei eine besondere Bedeutung:

a) der Spannungskreis, der die minimale kleinere Hauptspannung ergibt (Mittelpunkt C_1),

b) der Spannungskreis, der die maximale kleinere
   Hauptspannung ergibt (Mittelpunkt C_2).

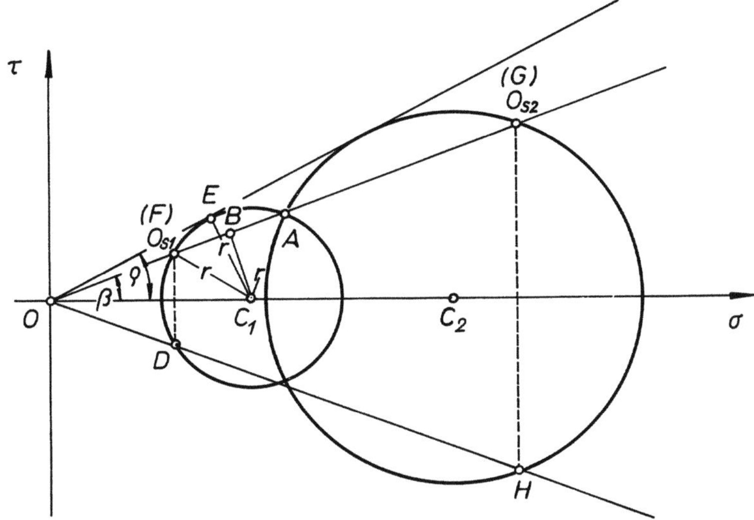

Abb. 2.5 Mohrsche Spannungskreise für Spannungen in
einer unendlichen Böschung aus nichtbindigen Böden.

Der Schnittpunkt D einer Vertikalen durch den Punkt O_{s1}
mit dem kleineren Spannungskreis ergibt die seitliche
Spannung min p_1 = OD auf einer vertikalen Ebene in der
Tiefe z.

Der Schnittpunkt H einer Vertikalen durch den Punkt O_{s2}
mit dem großen Spannungskreis ergibt die seitliche Spannung
max p_1 = OH auf einer vertikalen Ebene in der Tiefe z.

In der Bodenmechanik wird die minimale seitliche Bodenspannung min p_1 als aktiver Erddruck und die maximale seitliche Bodenspannung max p_1 als passiver Erddruck bezeichnet.

Der Zusammenhang zwischen den vertikalen und seitlichen
Bodenspannungen kann aus der Abb. 2.5 abgeleitet werden. Es
ist:

$$\frac{OF}{OA} = \frac{OB - BF}{OB + BA} \tag{2.7}$$

$$OB = (OC_1) \cdot \cos\beta \qquad\qquad (2.8)$$

$$BA = BF = \sqrt{r^2 - (BC_1)^2} \qquad\qquad (2.9)$$

$$r = OC_1 \cdot \sin\varphi \qquad\qquad (2.10)$$

$$BC_1 = OC_1 \cdot \sin\beta \qquad\qquad (2.11)$$

Die Gl. (2.8) bis (2.11) in die Gl. (2.7) eingesetzt, ergibt:

$$\frac{OF}{OA} = \frac{\cos\beta - \sqrt{\cos^2\beta - \cos^2\varphi}}{\cos\beta + \sqrt{\cos^2\beta - \cos^2\varphi}} \qquad\qquad (2.12)$$

Außerdem ist:

$$\frac{OF}{OA} = \frac{OA}{OG}$$

Mit:

$$OF = \min p_l$$

$$OA = p_V$$

$$OG = \max p_l$$

erhält man die Beziehung:

$$\frac{\min p_l}{p_V} = \frac{p_V}{\max p_l} = \frac{\cos\beta - \sqrt{\cos^2\beta - \cos^2\varphi}}{\cos\beta + \sqrt{\cos^2\beta - \cos^2\varphi}} \qquad\qquad (2.13)$$

Für den speziellen Fall, daß $\beta = 0$ ist, erhält man:

$$\frac{\min p_l}{p_V} = \frac{p_V}{\max p_l} = \frac{1 - \sin\varphi}{1 + \sin\varphi} = tg^2(45° - \varphi/2) \qquad\qquad (2.14)$$

Die Böschung ist standsicher, wenn:

$$\beta \overset{\leq}{=} \varphi \qquad\qquad (2.15)$$

Lösung

$$\beta = 22°, \quad \varphi = 34°, \quad \sin\varphi = 0{,}5592, \quad p_V = 8{,}0 \cdot 1{,}82 \cdot 0{,}9272 = 13{,}52 \ t/m^2$$

$$\cos\beta = 0{,}9272, \quad \cos^2\beta = 0{,}860$$

$$\cos\varrho = 0{,}8290, \quad \cos^2\varrho = 0{,}687$$

Bei einem Böschungswinkel von $\beta - 22^\circ$ ist in einer Tiefe von $z = 8$ m der aktive Erddruck nach Gl. (2.13):

$$\min p_l = 13{,}52 \cdot \frac{0{,}9272 - \sqrt{0{,}860 - 0{,}687}}{0{,}9272 + \sqrt{0{,}860 - 0{,}687}} = 13{,}52 \cdot \frac{0{,}511}{1{,}343} = 5{,}15 \ t/m^2$$

Der passive Erddruck für $\beta = 22^\circ$ ist in einer Tiefe von $z = 8$ m:

$$\max p_l = 13{,}52 \cdot \frac{1{,}343}{0{,}511} = 35{,}60 \ t/m^2$$

Bei horizontaler Geländeoberfläche ist in einer Tiefe von $z = 8$ m der aktive Erddruck:

$$\min p_l = 13{,}52 \cdot \frac{1 - 0{,}5592}{1 + 0{,}5592} = 3{,}82 \ t/m^2$$

und der passive Erddruck:

$$\max p_l = 13{,}52 \cdot \frac{1 + 0{,}5592}{1 - 0{,}5592} = 47{,}80 \ t/m^2$$

Die Böschung ist standsicher, wenn:

$$\beta \leqq 34^\circ \qquad \text{ist.}$$

Aufgabe 6 Standsicherheit einer unendlichen Böschung aus nichtbindigen Böden mit Grundwasserströmung parallel zur Geländeoberfläche

Die Böschung aus nichtbindigen Böden, deren Standsicherheit in der Aufgabe 5 ohne Grundwasserströmung untersucht wurde, wird nunmehr stationär und parallel zur Böschungsoberfläche vom Grundwasser durchströmt.

Welchen Neigungswinkel β darf die Böschung nicht überschreiten, wenn sie standsicher sein soll?

Grundlagen

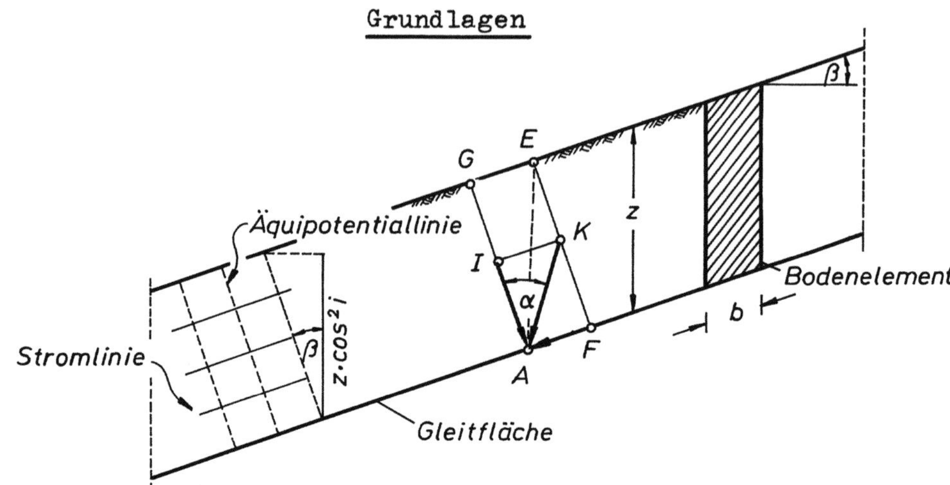

Abb. 2.6 Spannungen in einer unendlichen Böschung aus nichtbindigen Böden mit Grundwasserströmung parallel zur Böschung.

Die vertikale gesamte Spannung in der Tiefe z beträgt:

$$p_v = \gamma_g \cdot z \cdot \cos\beta \qquad (t/m^2) \qquad (2.16)$$

Somit wirkt auf die Gleitfläche:

$$\sigma = \gamma_g \cdot z \cdot \cos^2\beta \qquad (t/m^2) \qquad (2.17)$$

$$\tau = \gamma_g \cdot z \cdot \cos\beta \cdot \sin\beta \qquad (t/m^2) \qquad (2.18)$$

Der hydrostatische Druck in der Tiefe z ist:

$$h_p = \gamma_w \cdot z \cdot \cos^2\beta \qquad (t/m^2) \qquad (2.19)$$

Zieht man den hydrostatischen Druck von der gesamten Spannung ab, so erhält man den intergranularen Druck oder die wirksame Spannung:

$$\sigma' = (\gamma_g - \gamma_w) \cdot z \cdot \cos^2\beta = \gamma_a \cdot z \cdot \cos^2\beta = \frac{\gamma_a}{\gamma_g} \cdot \sigma \qquad (2.20)$$

Die wirksame Scherspannung ist unverändert:

$$\tau = \gamma_g \cdot z \cdot \cos\beta \cdot \sin\beta$$

In Abb. 2.6 bedeuten die Vektoren:

$$IA = \sigma'$$

$$AF = \tau$$

und AK ist der resultierende Spannungsvektor der wirksamen Spannungen p' bei Grundwasserströmung parallel zur Böschung. Es ist:

$$(p')^2 = (\sigma')^2 + \tau^2 \tag{2.21}$$

Die Gl. (2.18) und (2.20) in die Gl. (2.21) eingesetzt, ergibt:

$$(p')^2 = \gamma_a^2 \cdot z^2 \cdot \cos^4\beta + \gamma_g^2 \cdot z^2 \cdot \cos^2\beta \cdot \sin^2\beta =$$

$$= \gamma_a^2 \cdot z^2 \cdot \cos^2\beta \cdot \left[\cos^2\beta + \left(\frac{\gamma_g}{\gamma_a} \right)^2 \cdot \sin^2\beta \right]$$

Mit $cos^2\beta = 1 - sin^2\beta$ ist dann:

$$p' = \gamma_a \cdot z \cdot \cos^2\beta \cdot \sqrt{ 1 + \sin^2\beta \cdot \left[\left(\frac{\gamma_g}{\gamma_a} \right)^2 - 1 \right] } \quad (t/m^2) \tag{2.22}$$

Der Winkel β (Abb. 2.6) ergibt sich aus:

$$tg\,\alpha = \frac{\tau}{\sigma'} = \frac{\gamma_g \cdot z \cdot \cos\beta \cdot \sin\beta}{\gamma_a \cdot z \cdot \cos^2\beta}$$

$$tg\,\alpha = \frac{\gamma_g}{\gamma_a} \cdot tg\,\beta \tag{2.23}$$

Die Böschung ist standsicher, wenn:

$$\alpha \leqq \varrho \tag{2.24}$$

oder:

$$tg\,\alpha \leqq \frac{\gamma_g}{\gamma_a} \cdot tg\,\beta \leqq tg\,\varrho$$

oder:

$$tg\,\beta \leqq \frac{\gamma_a}{\gamma_g} \cdot tg\,\varrho. \tag{2.25}$$

Wenn keine Grundwasserströmung vorhanden ist, dann ist $\gamma_g = \gamma_a$, also $\alpha = \beta$, und es gilt exakterweise die Standsicherheitsbedingung nach Gl. (2.15).

Lösung

$$\varrho = 34°, \qquad tg\,\varrho = 0{,}6745$$

$$tg\beta = \frac{1{,}82 - 1{,}00}{1{,}82} \cdot 0{,}6745 = 0{,}304$$

Die vom Grundwasser durchströmte Böschung ist also standsicher, wenn der Böschungswinkel höchstens $\beta = 16{,}9°$ beträgt.

Ergebnisse

Aus der Gl. (2.25) geht hervor, daß bei durchströmten Böden der Neigungswinkel β stets kleiner sein muß als der wirksame Reibungswinkel, wenn die Böschung standsicher sein soll.

Der Tangens des Böschungswinkels beträgt angenähert nur noch die Hälfte vom Tangens des Reibungswinkels, denn für ein mittleres Raumgewicht von $\gamma_g = 2{,}0$ t/m^3 gesättigter Böden ist:

$$tg\,\beta = \left(1 - \frac{1}{\gamma_g}\right) \cdot tg\,\varrho \;\cong\; \frac{1}{2} \cdot tg\,\varrho$$

Stationäre Strömungen parallel zur Böschung stellen allerdings einen besonders extremen Fall dar. Gewöhnlich wird das Grundwasser an der Böschung austreten, also unter einem bestimmten Winkel zur Böschungsoberfläche fließen. Die ungünstige Wirkung der Strömungskräfte wird in diesem Falle verringert. Wenn man daher für die Berechnung der Standsicherheit einer durchströmten unendlichen Böschung die Gl. (2.25) zugrunde legt, wird man eine genügend große Sicherheit eingeschlossen haben.

<u>Aufgabe 7   Standsicherheit einer unendlichen Böschung</u>
<u>in bindigen Böden</u>

Abb. 2.7 zeigt eine 2,80 m dicke Lehmschicht auf einer starren Unterlage aus Fels. Der Böschungswinkel ist $\beta = 19°$. Der wirksame Reibungswinkel ist $\varrho' = 21°$, und die wirksame Kohäsion c' = 0,12 kg/cm^2.

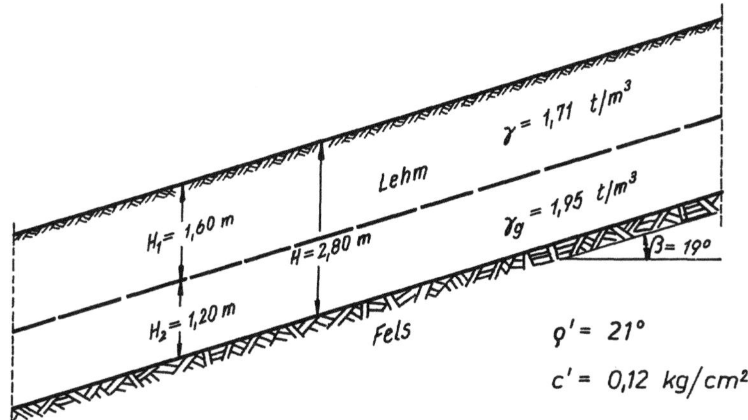

Abb. 2.7 Unendliche Böschung aus bindigen Böden
auf starrer Unterlage.

Wie groß ist die Standsicherheit für den Scherwiderstand:

a)   wenn keine Grundwasserströmung vorhanden ist
(Fall A),

b)   wenn die Böschung stationär und parallel zur
Böschungsoberfläche vollkommen vom Grundwasser
durchströmt wird (Fall B),

c)   wenn der Grundwasserspiegel in H_2 = 1,20 m Höhe
über dem Fels parallel zur Geländeoberfläche verläuft
(Fall C) ?

Grundlagen

Nach Abb. 2.4 und Gl. (2.6) ist die vertikale Spannung
auf einer Ebene parallel zur unendlichen Böschung ohne Berücksichtigung einer Grundwasserströmung in der Tiefe z:

$$p_v = \gamma \cdot z \cdot \cos \beta \qquad (t/m^2) \qquad (2.26)$$

Im Scherdiagramm (Abb. 2.8) wird diese Spannung durch
den Abstand OA dargestellt. OD entspricht der wirksamen
Normalspannung σ' und AD der Scherspannung auf der Ebene
parallel zur unendlichen Böschung in der Tiefe z.

Der Scherwiderstand eines bindigen Bodens wird durch die
Coulombsche Gleichung ausgedrückt:

$$\tau = \sigma' \cdot tg\,\varphi + c' \qquad (t/m^2) \qquad (2.27)$$

und durch die Gerade BC wiedergegeben. OD ist die Normalspannung σ' und CD die Scherspannung τ im Bruchzustand.

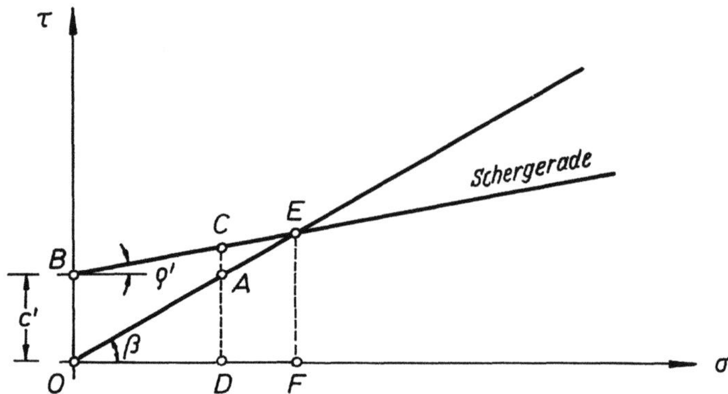

Abb. 2.8 Scherdiagramm zur Bestimmung der Standsicherheit
         einer unendlichen Böschung in bindigen Böden.

Der Abb. 2.8 entnimmt man sofort, daß die Böschung standsicher sein muß, solange der Böschungswinkel β kleiner ist
als der wirksame Reibungswinkel φ' . Man erkennt aber auch,
daß bei Böschungswinkeln $\beta > \varphi'$ noch eine standsichere Böschung möglich ist, solange die durch die angreifenden
Kräfte hervorgerufenen Scherspannungen den Bruchzustand
nicht erreichen. Das ist in Abb. 2.8 der Fall, solange die
vorhandenen Scherspannungen unterhalb der Schergeraden
liegen. Die Böschung ist also auch bei größeren Böschungsneigungen standsicher, solange eine bestimmte Schichtdicke
oder kritische Tiefe H nicht überschritten wird.

Bei unendlichen Böschungen kann diese Bedingung erfüllt
sein, wenn sich beispielsweise unter der rutschempfindlichen Schicht eine starre Unterlage aus Fels befindet. In
solchen Fällen kann auch bei böschungsparalleler Grundwasserströmung $\beta > \varphi'$ werden, wenn die kritische Tiefe
nicht überschritten wird.

Die kritische Tiefe H für Böschungen ohne Grundwasserströmung läßt sich aus der Coulombschen Gleichung ermitteln:

$$\tau = c'' + \sigma' \cdot tg\,\varphi'' \qquad (t/m^2) \qquad (2.28)$$

Gl. (2.17) und (2.18) in die Gl. (2.28) eingesetzt,
ergibt die erforderliche Kohäsion:

$$c'' = \gamma \cdot H \cdot \cos^2\beta \cdot (tg\beta - tg\varphi'') \qquad (t/m^2) \qquad (2.29)$$

Aus der Gl. (2.29) ergibt sich die Gleichung für die
kritische Tiefe:

$$H = \frac{c''}{\gamma} \cdot \frac{1}{\cos^2\beta \cdot (tg\beta - tg\varphi'')} \qquad (m) \qquad (2.30)$$

Die Gl. (2.29) kann auch in anderer Form geschrieben
werden:

$$\frac{c''}{\gamma \cdot H} = \cos^2\beta \cdot (tg\beta - tg\varphi'') \qquad (2.31)$$

Der Ausdruck $\dfrac{c''}{\gamma \cdot H}$ wird als Stabilitätsbeiwert N_c bezeichnet.

Bei stationärer Grundwasserströmung parallel zur Böschungsoberfläche und bei vollkommener Durchströmung ist
der Stabilitätsbeiwert:

$$\frac{c''}{\gamma \cdot H} = \cos^2\beta \cdot (tg\beta - \frac{\gamma_a}{\gamma_g} \cdot tg\varphi'') \qquad (2.32)$$

Wenn die böschungsparallele stationäre Grundwasserströmung von der Böschungsoberfläche den Abstand H_1 hat, so ist:

$$\frac{c''}{\gamma \cdot H} = \cos^2\beta \cdot \left[\left(1 - \frac{H_1}{H} \cdot \frac{\gamma_g - \gamma}{\gamma}\right) \cdot tg\beta - \left(\frac{\gamma_a}{\gamma_g} + \frac{H_1}{H} \cdot \frac{\gamma - \gamma_a}{\gamma_g}\right) \cdot tg\varphi'' \right] \qquad (2.33)$$

Lösung

Zunächst werden die Zusammenhänge zwischen dem erforderlichen Reibungsbeiwert und der erforderlichen Kohäsion oder
dem erforderlichen Stabilitätsbeiwert N_c für die drei
Fälle aus den Gl. (2.31), (2.32) und (2.33) ermittelt und
graphisch aufgetragen (Abb. 2.9). Die Gleichungen stellen
bei Verwendung eines natürlichen Maßstabes Gerade dar.

Fall A

$$\text{tg } \varphi'' = 0, \qquad N_c = \frac{c''}{\gamma \cdot H} = \cos^2\beta \cdot \text{tg } \beta = 0{,}8939 \cdot 0{,}3443 = 0{,}308$$

$$N_c = 0, \quad \text{tg } \varphi'' = \text{tg } \beta = 0{,}3443$$

Fall B

$$\text{tg } \varphi'' = 0, \qquad N_c = \frac{c''}{\gamma \cdot H} = \cos^2\beta \cdot \text{tg } \beta = 0{,}8939 \cdot 0{,}3443 = 0{,}308$$

$$N_c = 0, \quad \text{tg } \varphi'' = \text{tg } \beta \cdot \frac{\gamma_g}{\gamma_a} = 0{,}3443 \cdot \frac{1{,}95}{0{,}95} = 0{,}707$$

Fall C

$$\text{tg } \varphi'' = 0, \qquad N_c = \frac{c'}{\gamma \cdot H} = \cos^2\beta \cdot \left[1 - \frac{H_1}{H} \cdot \frac{\gamma_g - \gamma}{\gamma_g} \right] \cdot \text{tg } \beta = 0{,}8939 \cdot 0{,}93 \cdot 0{,}3443 = 0{,}286$$

$$N_c = 0, \quad \text{tg } \varphi'' = \frac{1 - \dfrac{H_1}{H} \cdot \dfrac{\gamma_g - \gamma}{\gamma_g}}{\dfrac{\gamma_a}{\gamma_g} + \dfrac{H_1}{H} \cdot \dfrac{\gamma - \gamma_a}{\gamma_g}} \cdot \text{tg } \beta = \frac{0{,}93}{0{,}71} \cdot 0{,}3443 = 0{,}451$$

Die Geraden dieser drei Stabilitätsfälle sind in der
Abb. 2.9 dargestellt.

Mit der vorhandenen Kohäsion von c' = 0,12 kg/cm^2 und
dem vorhandenen Reibungsbeiwert tg φ' = 0,384 (φ'= 21°) erhält man den Punkt B. Die Standsicherheit für den Scher-
widerstand ist für die drei untersuchten Fälle:

Fall A

$$\eta_s = \frac{OB}{OA_1} = \frac{8{,}8}{4{,}8} = 1{,}84$$

Fall B

$$\eta_s = \frac{OB}{OA_3} = \frac{8{,}8}{7{,}0} = 1{,}26$$

Fall C

$$\eta_s = \frac{OB}{OA_2} = \frac{8{,}8}{5{,}4} = 1{,}63$$

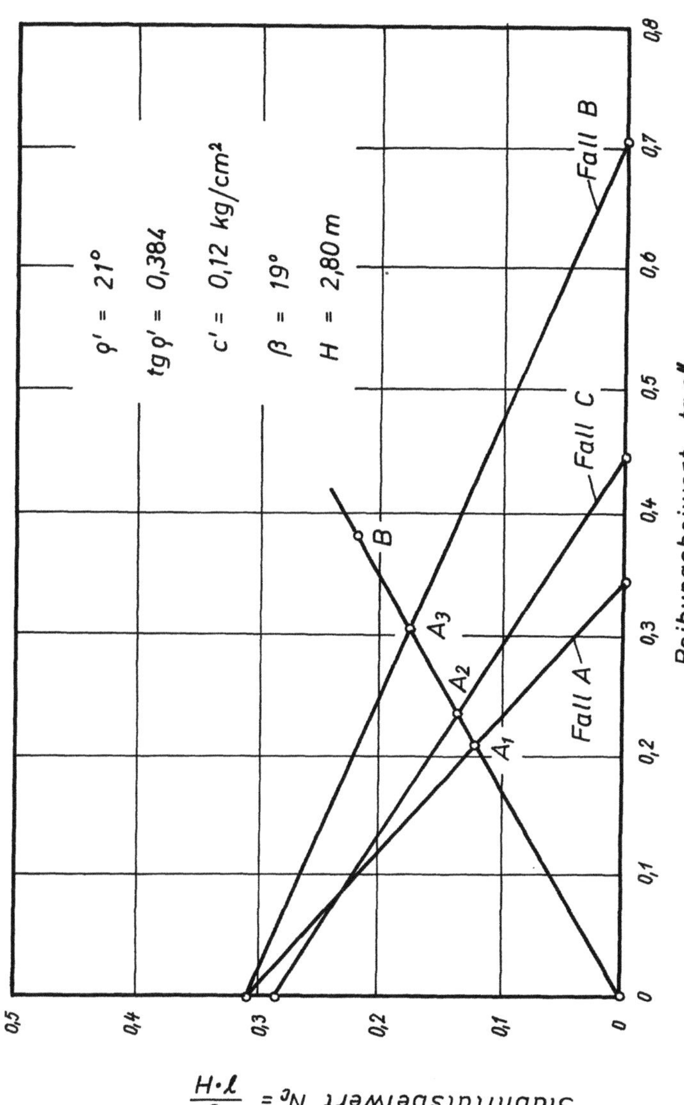

Abb. 2.9 Zusammenhänge zwischen den Stabilitätsbeiwerten N_c und den Reibungsbeiwerten $tg\,\varrho''$ in unendlichen Böschungen aus bindigen Böden.

Ergebnisse

Die Böschung ist auch im ungünstigsten Falle-bei vollkommener Durchströmung-mit $\eta_s = 1{,}26$ hinreichend standsicher.
Abb. 2.9 läßt deutlich erkennen, wie die Grundwasserströmung die Standsicherheit beeinträchtigt, indem mit zunehmen-
der Grundwasserströmung der Abstand OA immer größer und der
Quotient OB/OA immer kleiner wird.

Die vollkommen durchströmte Böschung wäre nicht mehr
standsicher, wenn bei dem vorhandenen wirksamen Reibungswinkel $\varrho' = 21^\circ$ die wirksame Kohäsion des Lehmes:

$$c' < 0{,}14 \cdot 1{,}95 \cdot 2{,}80 = 0{,}80 \ t/m^2$$

wäre. Man erkennt, daß die Scherparameter mit größtmöglicher
Genauigkeit bestimmt werden müssen, wenn unrichtige und gefährliche Schlüsse vermieden werden sollen.

Wenn auch nur kleinere Bereiche der Böschung eine niedri-
gere Kohäsion haben, als angenommen wurde, so ist die Standsicherheit der gesamten Böschung in Frage gestellt.

Die Standsicherheit solcher rutschempfindlichen Böschungen läßt sich erheblich verbessern, wenn der Boden durch
geeignete Drainagen entwässert wird, der Grundwasserspiegel
also möglichst tief abgesenkt wird.

Aufgabe 8   Standsicherheit einer endlichen Böschung
bei $\varrho = 0$

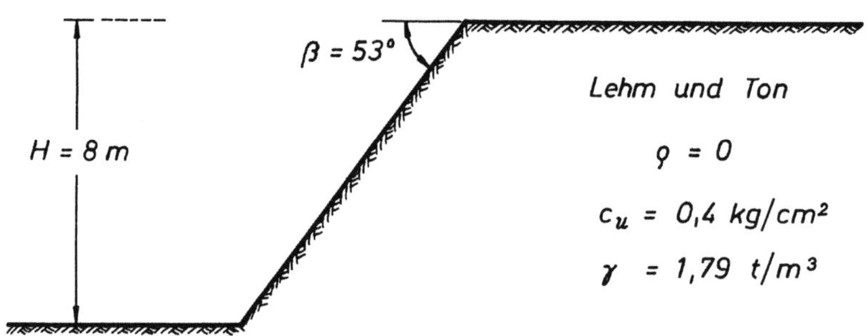

Abb. 2.10   Endliche Böschung in bindigen Böden.

Abb. 2.10 zeigt eine endliche Böschung, die mit einem Böschungswinkel von $\beta = 53^\circ$ ausgeführt werden soll. Die Höhe der Böschung beträgt H = 8 m.

Wie groß ist die Anfangsstandsicherheit dieser Böschung, wenn die Kohäsion $c_u = 0{,}4$ kg/cm^2 ist?

Läßt sich der gleiche Böschungswinkel auch anwenden, wenn die Kohäsion nur $c_u = 0{,}25$ kg/cm^2 beträgt?

Grundlagen

In der Aufgabe 24 (BÖLLING: Zusammendrückung und Scherfestigkeit von Böden) wurde gezeigt, daß im dreiaxialen Druckversuch, und zwar im UU-Versuch, bei wassergesättigten bindigen Böden der Reibungswinkel $\varphi_u = 0$ werden kann. Dieser Zustand kann in der Praxis dann auftreten, wenn die Durchlässigkeit und der Konsolidierungsgrad eines Bodens sehr gering sind, wie zum Beispiel bei einer Böschung aus schwerdurchlässigen Erdstoffen unmittelbar nach ihrer Fertigstellung.

In diesem Falle wird man für die Untersuchung der Standsicherheit annehmen, daß der Reibungswinkel gleich Null ist, und nur mit der Kohäsion c_u rechnen. Man spricht in diesem Zusammenhang auch oft von der $\varphi = 0$-(Null-) Analyse.

Aus der Praxis und aus mathematischen Überlegungen (KEZDI 1962) ist bekannt, daß bei endlichen Böschungen der Bruch der Böschung annähernd entlang einer zylindrischen Kreisfläche erfolgt. Alle nachfolgenden Standsicherheitsuntersuchungen gehen daher von kreiszylindrischen Gleitflächen aus (Abb. 2.11).

Die Aufgabe besteht darin, diejenige Gleitfläche (kritische Gleitfläche) zu finden, für die die Standsicherheit für die Haftfestigkeit η_c ihr Minimum hat. Wenn diese Standsicherheit $\eta_c \geqq 1{,}5$ ist, dann kann die untersuchte Böschung als ausreichend standsicher bezeichnet werden.

In der Abb. 2.11 bedeuten:

G   =   Gewicht des gleitenden Erdkeils

a   =   Hebelarm von G, bezogen auf den Kreismittelpunkt

r   =   Radius des Gleitkreises

l_b =   Bogenlänge AC des Gleitkreises

l_s =   Sehnenlänge AC

c   =   Kohäsion

Die differentialen Kohäsionskräfte ΔK greifen tangential am Gleitkreis an (Abb. 2.12).

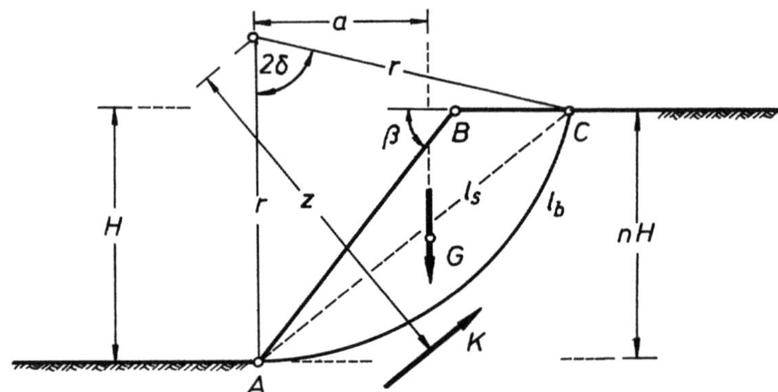

Abb. 2.11 Kohäsionskräfte an einer kreiszylindrischen Gleitfläche.

Zerlegt man die Kraft ΔK in ihre Komponenten, parallel und normal zur Sehne AC, so wird die Summe der normalen Komponenten gleich Null, wie man der Abb. 2.12 sofort entnehmen kann. Die Summe der parallelen Komponenten ist:

$$K = c \cdot l_s \qquad (t/m) \qquad (2.34)$$

Der Abstand der Kraft K vom Kreismittelpunkt läßt sich aus dem Gleichgewicht der Kräfte um den Kreismittelpunkt bestimmen. Es ist:

$$K \cdot z = c \cdot l_s \cdot z = c \cdot l_b \cdot r$$

und daraus:

$$z = \frac{l_b}{l_s} \cdot r \qquad (m) \qquad (2.35)$$

Wenn der Gleitkeil sich gerade noch im Gleichgewicht befindet, dann befinden sich die Momente aus der Kraft G und der Kraft K in bezug auf den Kreismittelpunkt ebenfalls gerade im Gleichgewicht:

$$G \cdot a = K \cdot z \qquad (tm/m) \qquad (2.36)$$

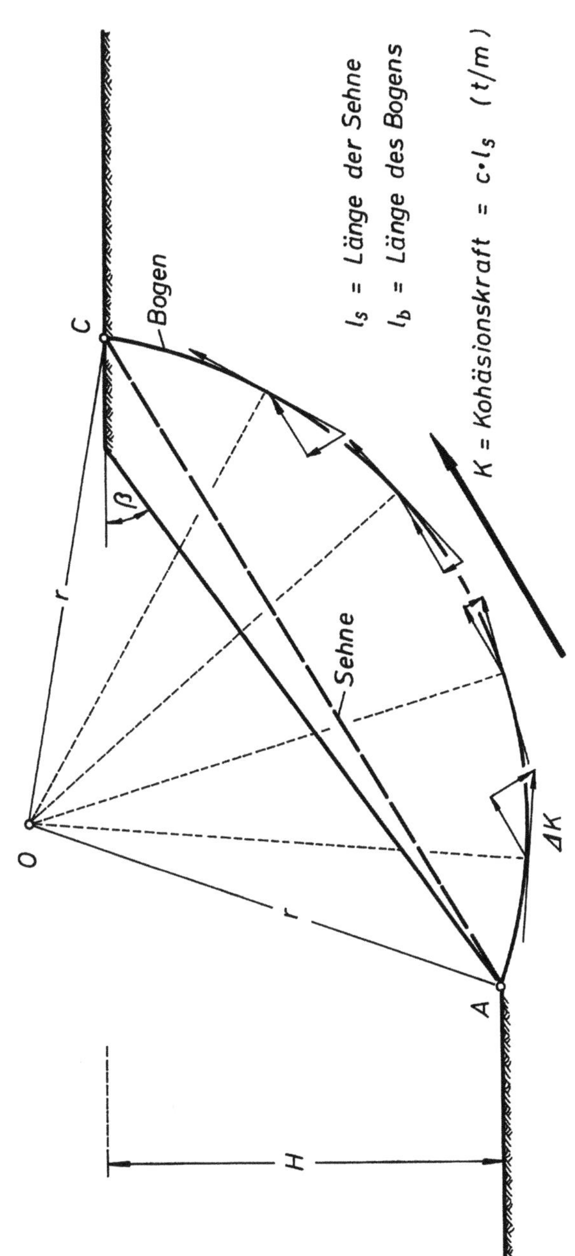

Abb. 2.12 Kohäsionskraft an einer kreiszylindrischen Gleitfläche.

Die Gl. (2.34) und (2.35) in die Gl. (2.36) eingesetzt, ergibt nach weiterer Umformung:

$$c'' = \frac{G \cdot a}{r \cdot l_b} \qquad (t/m^2) \qquad\qquad (2.37)$$

c'' = die für die Standsicherheit erforderliche Kohäsion in t/m^2

Die Standsicherheit für die Haftfestigkeit ist dann:

$$\eta_c = \frac{c}{c''}$$

In gleicher Weise wird die Standsicherheit für verschiedene kreiszylindrische Gleitflächen untersucht und der minimale Wert aus diesen Untersuchungen als Kriterium gewählt.

FELLENIUS (1916) und TAYLOR (1937, 1948) haben für einfache Böschungen mit $0^\circ < \varphi < 45^\circ$ die wichtigsten Stabilitätsbeiwerte ermittelt, so daß auf die zeitraubende Berechnung in den meisten Fällen verzichtet werden kann. Die Ergebnisse sind in den Abb. 2.42 und 2.43 wiedergegeben.

Die Abb. 2.42 und 2.43 enthalten auch die Fälle, in denen die Gleitfuge nicht mehr durch den Fußpunkt der Böschung geht, sondern davor austritt. Dieser Fall liegt vor, wenn in homogenen Böden $\beta < 53^\circ$ wird. Die Entfernung kH vom Fußpunkt (Abb. 2.41) läßt sich mit dem Beiwert k der Abb. 2.43 bestimmen.

Außerdem werden auch die Fälle behandelt, in denen in Höhe des Böschungsfußes oder unterhalb des Böschungsfußes eine feste Schicht ansteht. Die Abb. 2.41 gibt eine Übersicht über die verschiedenen möglichen Fälle und weist auf die Diagramme und Abbildungen hin, nach denen in den einzelnen Fällen der Stabilitätsbeiwert N_c bestimmt werden kann.

Lösung

In Abb. 2.13 werden das Gewicht eines Böschungskeiles und der Abstand a vom Kreismittelpunkt für einen Winkel von $2\delta = 97^\circ$ und einen Radius von $r = 10$ m berechnet.

Die Gleitfläche wird in diesem Beispiel willkürlich in

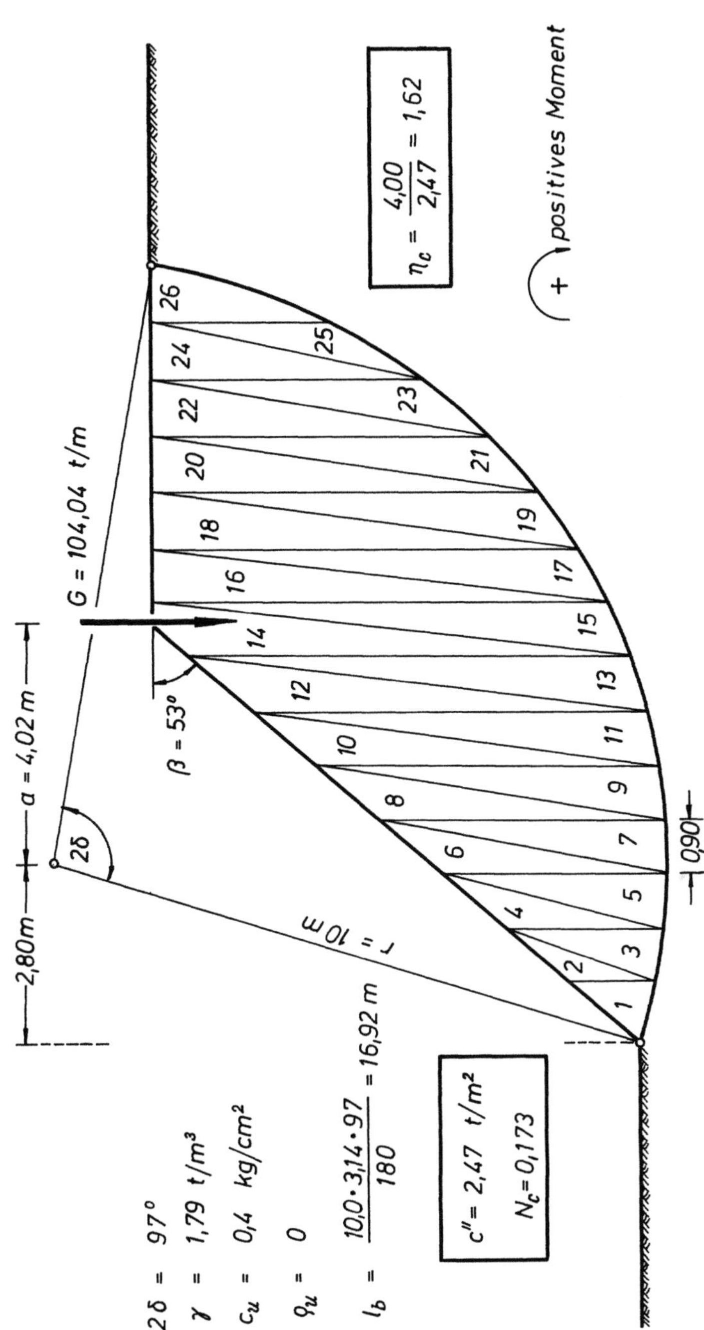

Abb. 2.13 Ermittlung der Standsicherheit einer Böschung bei $\varrho = 0$.

Tabelle 2.2 Berechnung des Gewichtes G des Gleitkeils
und des Abstandes a.

Nr.	g	h	$\frac{1}{2}\cdot g\cdot h$	Hebelarm	Moment $(\gamma=1)$
	m	m	m²	m	tm
1	1,30	0,90	0,59	− 2,20	− 1,30
2	1,30	0,90	0,59	− 1,60	− 0,94
3	2,40	0,90	1,08	− 1,30	− 1,40
4	2,40	0,90	1,08	− 0,70	− 0,76
5	3,50	0,90	1,58	− 0,40	− 0,63
6	3,50	0,90	1,58	+ 0,20	+ 0,32
7	4,60	0,90	2,07	+ 0,50	+ 1,04
8	4,60	0,90	2,07	+ 1,10	+ 2,28
9	5,50	0,90	2,48	+ 1,40	+ 3,47
10	5,50	0,90	2,48	+ 2,00	+ 4,96
11	6,40	0,90	2,88	+ 2,30	+ 6,62
12	6,40	0,90	2,88	+ 2,90	+ 8,35
13	7,20	0,90	3,24	+ 3,20	+10,37
14	7,20	0,90	3,24	+ 3,80	+12,31
15	7,40	0,90	3,33	+ 4,10	+13,65
16	7,40	0,90	3,33	+ 4,70	+15,65
17	7,00	0,90	3,15	+ 5,00	+15,75
18	7,00	0,90	3,15	+ 5,60	+17,64
19	6,30	0,90	2,84	+ 5,90	+16,75
20	6,30	0,90	2,84	+ 6,50	+18,46
21	5,50	0,90	2,48	+ 6,80	+16,86
22	5,50	0,90	2,48	+ 7,40	+18,35
23	4,50	0,90	2,03	+ 7,70	+15,63
24	4,50	0,90	2,03	+ 8,30	+16,85
25	2,90	0,90	1,31	+ 8,60	+11,27
26	2,90	0,90	1,31	+ 9,20	+12,05
		Summe:	58,12	Summe:	+ 233,60

Gewicht des Gleitkeils: G = 58,12·1,79 = 104,04 t/m

$$a = \frac{233,60}{58,12} = 4,02\ m$$

26 Dreiecke eingeteilt, deren Gewichte und Momente um den Kreismittelpunkt in der Tab. 2.2 zusammengestellt sind. Alle Abmessungen beziehen sich auf die Originalzeichnung des Manuskriptes. Das Gewicht des Gleitkeils ist für $\gamma = 1$ t/m^3:

$$G = 58,12 \ \text{t/m}$$

Das Gewicht des Gleitkeils bildet in bezug auf den Kreismittelpunkt ein Moment von:

$$M = + 233,60 \ \text{tm/m}$$

Der Abstand a ist also:

$$a = \frac{233,60}{58,12} = 4,02 \ m$$

Das wirkliche Gewicht des Gleitkeils ist:

$$G = 58,12 \cdot 1,79 = 104,04 \ \text{t/m}$$

Die erforderliche Kohäsion ist mit der Gl. (2.37):

$$c'' = \frac{104,04 \cdot 4,02}{10,0 \cdot 16,92} = \frac{418,24}{169,20} = 2,47 \quad t/m^2$$

Der Stabilitätsbeiwert ist:

$$N_c = \frac{2,47}{1,79 \cdot 8,0} = \frac{2,47}{14,32} = 0,173$$

Die Standsicherheit für die Haftfestigkeit beträgt für die gewählte Gleitfläche:

$$\eta_c = \frac{c}{c''} = \frac{4,00}{2,47} = 1,62$$

Um die kritische Standsicherheit zu erhalten, müßten weitere Gleitkreise untersucht werden. Darauf kann verzichtet werden, denn dieser kritische Wert läßt sich mit Hilfe der Abb. 2.42 und 2.43 unmittelbar berechnen.

Eine Böschung mit $\beta = 53°$ in homogenen Böden gehört nach der Abb. 2.41 zum Fall 2. Der kritische Stabilitätsbeiwert N_c kann somit nach Abb. 2.42 bestimmt werden. Für $\varphi = 0$ und $\beta = 53°$ entnimmt man der Abb. 2.42:

$$N_c = 0,181$$

Somit ist die erforderliche Kohäsion im kritischen Zustand:

$$c'' = \; 0{,}181 \; \cdot \; 1{,}79 \cdot 8{,}0 \; = \; 2{,}59 \; \; t/m^2$$

Die Standsicherheit für die Haftfestigkeit ist also:

$$\eta_c = \; \frac{4{,}00}{2{,}59} \; = \; 1{,}55$$

η_c = 1,55 ist die gesuchte Anfangsstandsicherheit.

Wenn die Kohäsion des Bodens nur c_u = 0,25 kg/cm² wäre, wäre die Böschung nicht mehr standsicher, denn es wäre:

$$\eta_c = \; \frac{2{,}50}{2{,}59} \; = \; 0{,}96 \; \; < \; 1{,}5$$

<u>Ergebnisse</u>

Die hier behandelte Aufgabe zeigt, wie die Standsicherheit einer einfachen Böschung in homogenen Böden-ohne das Vorhandensein von Grundwasserströmungen-bestimmt werden kann.

Auch in komplizierten Fällen, in denen die Böschung aus geschichteten Böden mit Reibung und Kohäsion besteht und außerdem noch vom Grundwasser durchströmt wird, sind die Abb. 2.41 **bis** 2.43 noch sehr gut anwendbar, wenn nur eine genügend große Sicherheit eingerechnet wird. Bei exakten Berechnungen muß in solchen Fällen allerdings auf andere Verfahren, die später beschrieben werden, zurückgegriffen werden.

Wenn eine endliche Böschung außer durch ihr Eigengewicht noch durch eine beliebige Auflast beansprucht wird, so kann auch dies leicht in der Bestimmung des Hebelarmes a und des Gewichtes G berücksichtigt werden. Die Diagramme haben also in der Mehrzahl der praktischen Fälle einen großen Wert, da auf die zeitraubende Tabellenrechnung und die Untersuchung mehrerer Gleitkreise verzichtet werden kann.

Der Stabilitätsbeiwert N_c erlaubt ebenfalls auch eine

Aussage über die maximale Höhe H einer Böschung, wenn der
Böschungswinkel β und die Bodenkennziffern konstant sind.
Im vorliegenden Fall könnte zum Beispiel bei einem Böschungs-
winkel von $\beta = 45°$, $c_u = 0,4$ kg/cm² und $\varrho = 0°$ (Fall 3,
Abb. 2.41) für $N_c = 0,18$ gesetzt werden. Dann ist bei einer
Standsicherheit von $\eta_c = 1,5$ mit $c'' = N_c \cdot \gamma \cdot H$:

$$1,5 = \frac{c}{c''} = \frac{4,00}{0,18 \cdot 1,79 \cdot H}$$

oder

$$H = \frac{4,00}{1,5 \cdot 1,79 \cdot 0,18} = 8,30 \quad m$$

Die Böschung könnte bei der geforderten Sicherheit also
maximal H = 8,30 m hoch werden.

Eine feste Schicht erhöht im allgemeinen die Standsicherheit oder läßt eine höhere Böschung zu. Wenn im vorliegenden
Fall zum Beispiel in der Höhe des Böschungsfußes eine feste
Schicht vorhanden wäre (Fall 4, Abb. 2.41), dann wäre für
$\beta = 45°$, $c_u = 0,4$ kg/cm² und $\varrho = 0°$ nach Abb.2.42 der Stabilitätsbeiwert $N_c = 0,166$ und die erforderliche Kohäsion:

$$c'' = 0,166 \cdot 1,79 \cdot 8,0 = 2,38 \text{ t/m}^2.$$

Somit wäre die Standsicherheit für die Haftfestigkeit

$$\eta_c = \frac{4,00}{2,38} = 1,68$$

während sie vorher nur $\eta_c = 1,55$ betrug.

Die Böschung könnte auf dieser festen Schicht bei
1,5 facher Sicherheit maximal eine Höhe von:

$$H = \frac{4,00}{1,5 \cdot 0,166 \cdot 1,79} = 9,0 \text{ m}$$

erreichen.

Aufgabe 9   Standsicherheit einer endlichen Böschung in bindigen Böden mit konstanter Grundwasserströmung nach FELLENIUS

Abb. 2.14 zeigt eine homogene endliche Böschung in einem bindigen Boden, die vom Grundwasser durchströmt wird. Die wirksame Kohäsion beträgt $c' = 0,4$ kg/cm^2. Das Raumgewicht im gesättigten Zustand ist $\gamma_g = 1,87$ t/m^3. Der wirksame Reibungswinkel ist $\varrho' = 22^{\circ}$.

Wie groß ist für die dargestellte Böschung:

a)   die Standsicherheit nach FELLENIUS,
b)   die Standsicherheit für die Haftfestigkeit,
c)   die Standsicherheit für die Haftfestigkeit, wenn keine Grundwasserströmung vorhanden ist,
d)   die Standsicherheit für den Scherwiderstand?

Grundlagen

Die Methode von FELLENIUS (1936, 1939) eignet sich zur Berechnung der Standsicherheit aller praktisch vorkommenden endlichen Böschungen in bindigen Böden, mit und ohne Grundwasserströmungen.

FELLENIUS teilt den Gleitkeil in eine willkürliche Anzahl von gleich großen Lamellen ein und untersucht die Kräfte, die an jeder einzelnen Lamelle angreifen, und die Standsicherheit der Summe aller Lamellen. Abb. 2.15 zeigt eine solche Lamelle und sämtliche Kräfte, die an ihr angreifen. Bezogen auf einen lfd. m normal zur Zeichenebene greifen an der Lamelle folgende Kräfte an:

a) P_w = resultierende Kraft aus den hydrostatischen Drücken auf die Gleitfläche in t/m

b) P_{wl}, P_{wr} = resultierende Kräfte aus den hydrostatischen Drücken auf die Seitenflächen der Lamelle in t/m

c) G = Gesamtgewicht der Lamelle in t/m

d) E_l, E_r = Erddrücke auf die Seitenflächen der Lamelle in t/m

e) P_r = Gleitflächenreaktion in t/m

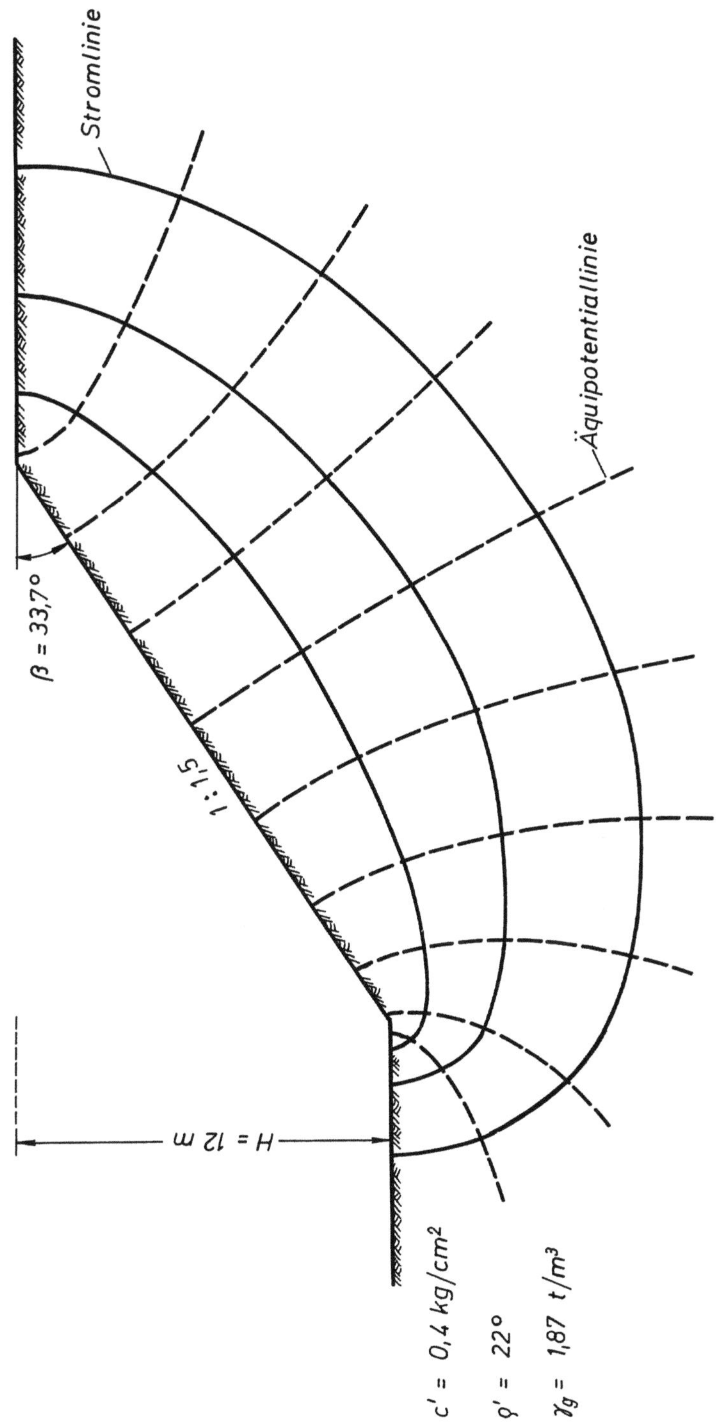

Abb. 2.14   Endliche Böschung in bindigen Böden mit konstanter Grundwasserströmung.

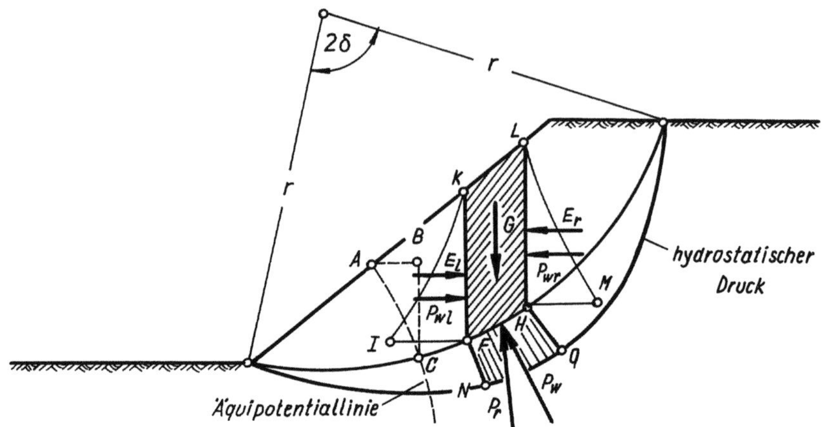

Abb. 2.15 Lamelle mit den daran angreifenden Kräften.

Die Größe der Kräfte wird folgendermaßen bestimmt:

a)   Bestimmung von P_w

Im Punkt C (Abb. 2.15) beträgt die hydrostatische
Druckhöhe h = BC = CD. Auf die gleiche Weise werden
in allen Schnittpunkten der Äquipotentiallinien mit
dem Gleitkreis die hydrostatischen Druckhöhen bestimmt. Verbindet man die so gewonnenen Punkte miteinander, so erhält man den Verlauf des hydrostatischen Druckes auf der kreiszylindrischen Gleitfläche
Die Kraft P_w entspricht dem Inhalt der Fläche FHNO
(Abb. 2.15).

b)   Bestimmung von P_{wl} und P_{wr}

Analog zur Bestimmung von P_w ermittelt man auch die
Druckverteilung auf die Seitenflächen einer Lamelle
Die Kraft P_{wl} entspricht dann dem Inhalt des Drei-
ecks IKF und die Kraft P_{wr} dem Inhalt des Dreiecks
HLM.

c)   Bestimmung von G

Das Gewicht einer Lamelle je lfd. m normal zur Zeichenebene entspricht der Fläche KLFH, multipliziert
mit dem gesamten Raumgewicht γ_g des Bodens.

d) Bestimmung von E_1 und E_r

Wählt man die Breite einer Lamelle hinreichend klein,
so ist $E_1 = E_r$ und ihre Summe also gleich Null. Der
seitliche Erddruck geht also bei genügend kleiner
Lamellenbreite nicht in die Rechnung ein.

e) Bestimmung der Gleitflächenreaktion P_r

Fügt man die an der Lamelle angreifenden Kräfte
zu einem Krafteck zusammen (Abb. 2.16), so wird die
Gleitflächenreaktion von dem Vektor DA dargestellt.

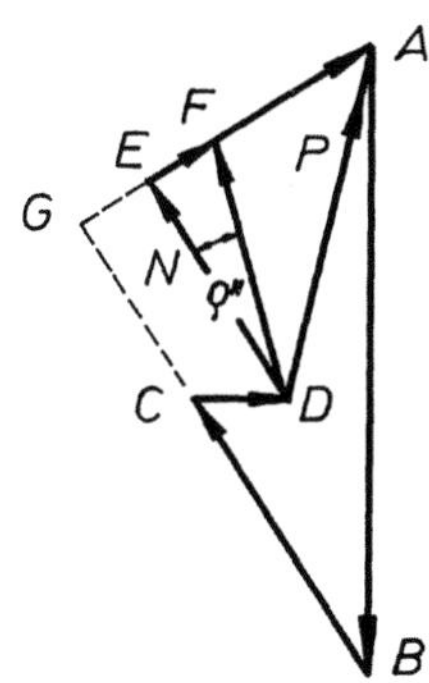

Abb. 2.16   Bestimmung der Gleitflächenreaktion.

In der Abb. 2.16 bedeuten:

AB =   Gesamtgewicht G_t der Lamelle in t/m

BC =   hydrostatische Kraft P_w in t/m

CD =   Summe der hydrostatischen Kräfte P_{wl} und
               P_{wr} in t/m

DA =   Gleitflächenreaktion P_r in t/m

DE = N = Normalkomponente der Gleitflächenreaktion
               in t/m

EA = T = Tangentialkomponente der Gleitflächenreak-
               tion in t/m

EF = $N \cdot \mathrm{tg}\, \rho''$ = Reibungsanteil der tangentialen
               Komponente der Gleitflächenreaktion in t/m

FA = K = $c'' \cdot l_b$ = Anteil der Haftfestigkeit an der
               tangentialen Komponente der Gleitflächenre-
               aktion in t/m

GA = G_t = Tangentialkomponente aus dem Eigengewicht
               der Lamelle in t/m

Der Abb. 2.16 entnimmt man die Beziehung:

$$T = EA = N \cdot tg\,\varrho'' + c'' \cdot L_b \qquad (t/m) \qquad (2.38)$$

FELLENIUS betrachtet die Standsicherheit als das Verhältnis der statischen Momente, die die Rutschung der Böschung bewirken oder verhindern:

$$\eta = \frac{\text{Rutschung verhinderndes Moment}}{\text{Rutschung bewirkendes Moment}}$$

Bezogen auf den Mittelpunkt des Gleitkreises, ist das Moment, das eine Rutschung bewirkt:

$$r \cdot \sum G_t \qquad (2.39)$$

Die Summe der Momente aus den hydrostatischen Kräften CD wird gleich Null und geht nicht in die Rechnung ein. Die Normalkomponente des Lamelleneigengewichts und die hydrostatische Kraft P_w gehen durch den Kreismittelpunkt und bilden somit keinen Anteil am statischen Moment.

Bezogen auf den Kreismittelpunkt, ist das Moment, das eine Rutschung verhindert:

$$r \cdot tg\,\varrho'' \cdot \sum N + r \cdot c'' \cdot L_b \qquad (2.40)$$

Somit ist die Standsicherheit nach FELLENIUS:

$$\eta = \frac{tg\varrho'' \sum N + c'' \cdot L_b}{\sum G_t} \qquad (2.41)$$

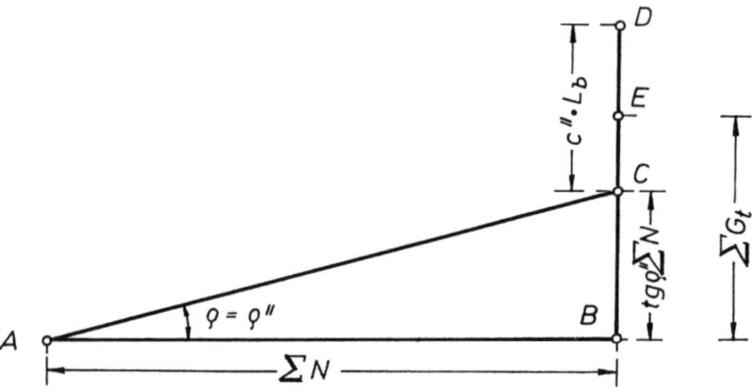

Abb. 2.17 Bestimmung der Standsicherheit einer
          Böschung in bindigen Böden.

Die Standsicherheit für die Haftfestigkeit erhält man, indem man $\rho = \rho''$ setzt, dann ist mit Abb. 2.17:

$$\eta_c = \frac{CD}{CE} \tag{2.42}$$

Die Standsicherheit für den Scherwiderstand ist mit Abb. 2.17:

$$\eta_s = \frac{BD}{BE} \tag{2.43}$$

Analog zu der beschriebenen Methode muß die Standsicherheit für verschiedene Gleitkreise untersucht werden. Der kleinste Wert von η wird als Kriterium für die Standsicherheit gewählt.

Lösung

Die Standsicherheitsuntersuchung wurde für zwei kreiszylindrische Gleitflächen durchgeführt. Die Abb. 2.18 und 2.19 enthalten die Untersuchungen für einen Gleitkreis mit $r = 20$ m und $2\delta = 95,5°$. Die Abb. 2.20 und 2.21 enthalten die Untersuchungen für einen Gleitkreis mit $r = 20$ m und $2\delta = 77,5°$.

Die Standsicherheit nach FELLENIUS ist in beiden Fällen und auch bei allen anderen untersuchten Gleitkreisen $\eta \gneqq 1,5$. Die Böschung ist ausreichend standsicher.

Die Standsicherheit für die Haftfestigkeit ist mit Gl. (2.42) für die Abb. 2.20 und 2.21 und mit CD = 108,5 t/m und CE = 72,0 - 25,9 = 46,1 t/m:

$$\eta_c = \frac{CD}{CE} = \frac{108,5}{46,1} = 2,35$$

Die Standsicherheit für die Haftfestigkeit ohne Grundwasserströmung kann nach Abb. 2.41, Fall 3, berechnet werden. Man entnimmt der Abb. 2.42 für $\beta = 33,7°$ und $\rho = 22°$ einen Stabilitätsbeiwert von $N_c = 0,03$. Damit ist:

$$c'' = 0,03 \cdot 1,87 \cdot 12,0 = 0,67 \text{ t/m}^2.$$

Lamelle	G t/m	P_w t/m	P_{wl} t/m	P_{wr} t/m	$P_{wl} - P_{wr}$ t/m
1	23,4	10,8	--	8,7	8,7
2	66,7	27,6	8,7	23,5	14,8
3	94,1	35,6	23,5	35,7	12,2
4	97,9	44,7	35,7	26,9	8,8
5	45,0	45,0	26,9	--	26,9

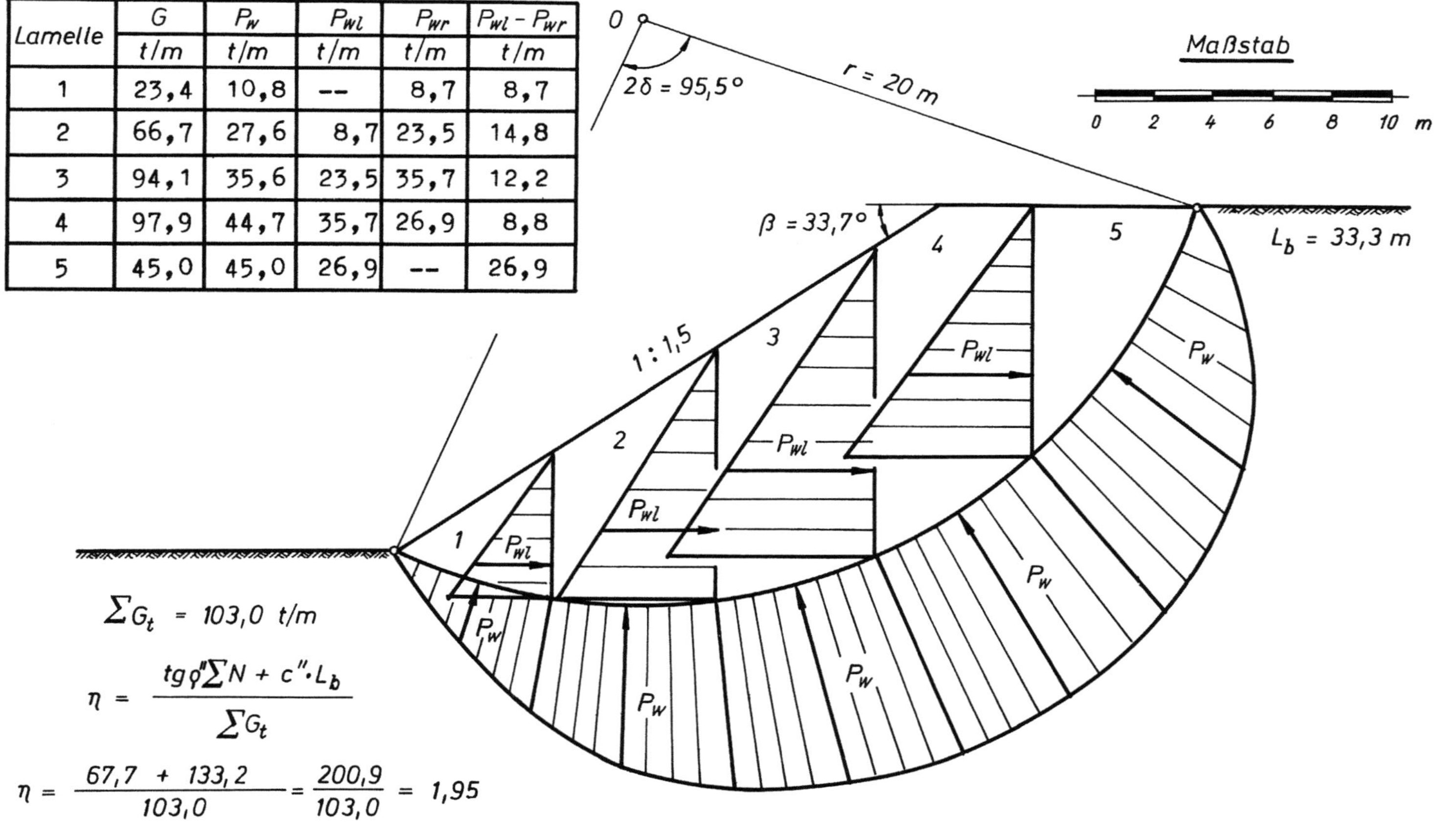

$$\sum G_t = 103,0 \ t/m$$

$$\eta = \frac{tg\varphi'' \sum N + c'' \cdot L_b}{\sum G_t}$$

$$\eta = \frac{67,7 + 133,2}{103,0} = \frac{200,9}{103,0} = 1,95$$

Abb. 2.18   Untersuchung der Standsicherheit einer Böschung nach dem Verfahren von FELLENIUS; r = 20 m, 2δ = 95,5°.

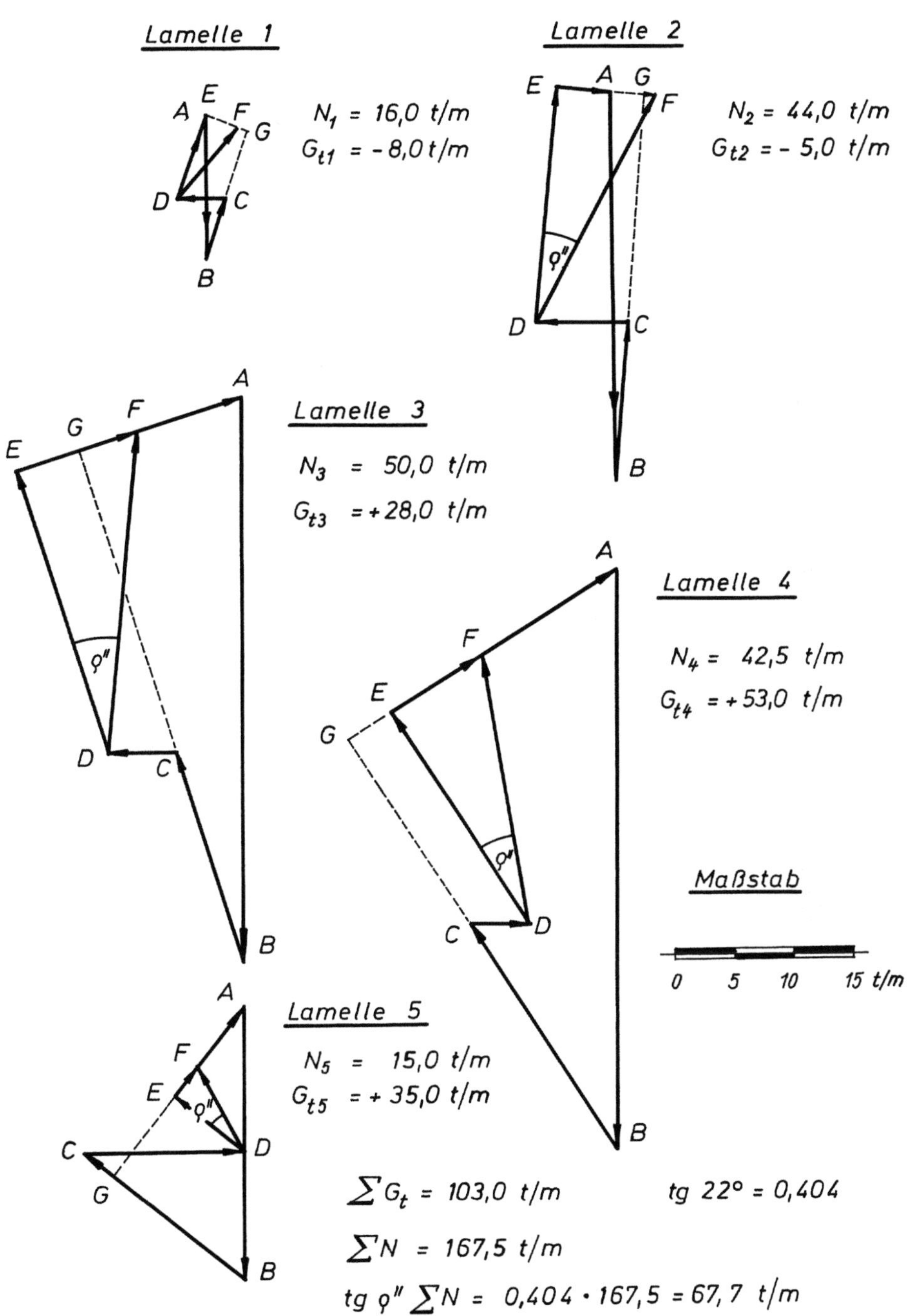

Abb. 2.19   Kraftecke zur Untersuchung
der Standsicherheit;
$r = 20$ m, $2\delta = 95,5°$.

Lamelle	G	P_w	P_{wl}	P_{wr}	$P_{wl} - P_{wr}$
	t/m	t/m	t/m	t/m	t/m
1	12,4	4,8	--	3,3	3,3
2	33,8	13,3	3,3	9,4	6,1
3	46,8	19,7	9,4	13,0	3,6
4	50,2	24,1	13,0	11,4	1,6
5	24,7	20,1	11,4	---	11,4

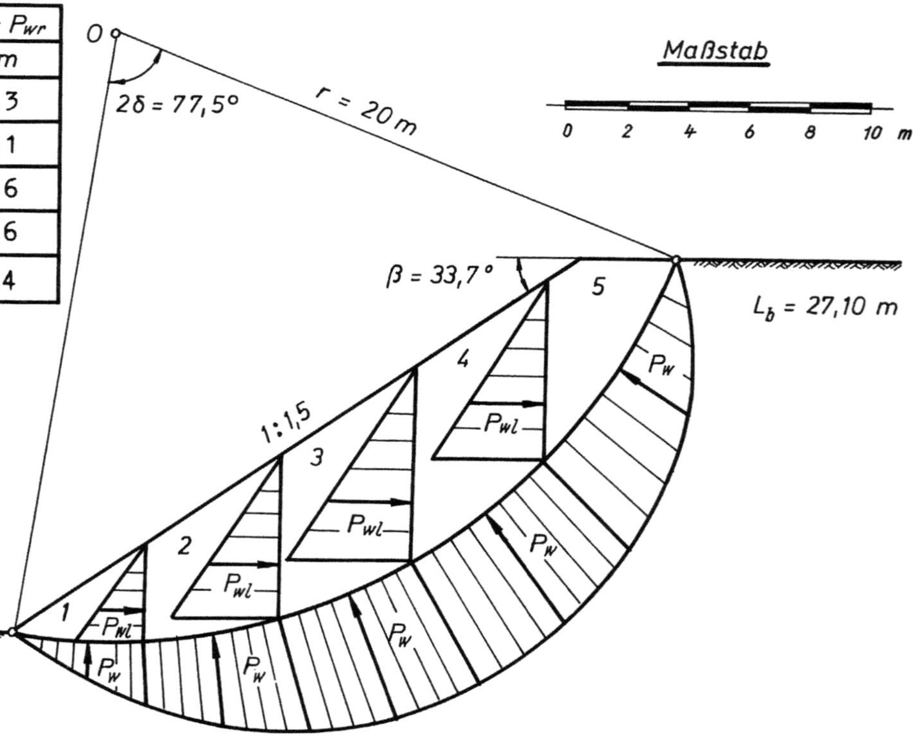

$$\sum G_t = 72,0 \ t/m$$

$$\eta = \frac{tg\,\varrho'' \sum N + c'' \cdot L_b}{\sum G_t}$$

$$\eta = \frac{25,9 + 108,5}{72,0} = 1,87$$

Abb. 2.20   Untersuchung der Standsicherheit einer Böschung nach dem Verfahren von FELLENIUS; r = 20 m, 2 δ = 77,5°.

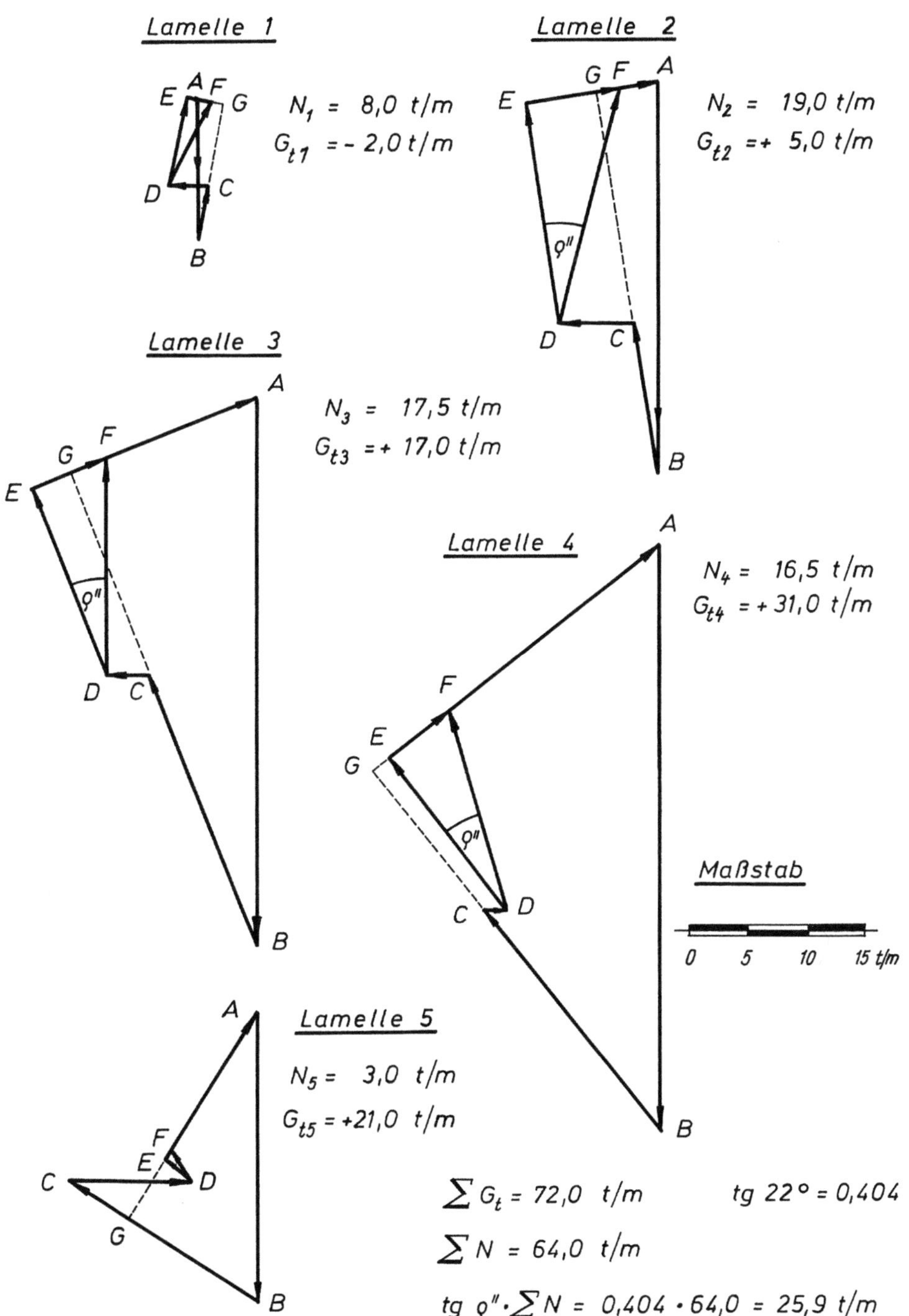

Abb. 2.21 Kraftecke zur Bestimmung
der Standsicherheit;
r = 20 m, 2δ = 77,5°.

Die Standsicherheit für die Haftfestigkeit ohne Grundwasserströmung ist also:

$$\eta_C = \frac{c}{c''} = \frac{4,00}{0,67} = 5,97$$

Die Standsicherheit für den Scherwiderstand ist nach
Gl. (2.43) für die Abb. 2.20 und 2.21:

$$\eta_S = \frac{134,4}{72,0} = 1,87$$

mit BD = 25,9 + 108,5 = 134,4 t/m und BE = 72,0 t/m.

Ergebnisse

In dieser Aufgabe wurde eine Grundwasserströmung berücksichtigt, wie sie sich bei starken, andauernden Regenfällen
annähernd in der Böschung einstellen würde. Das Ergebnis
der Untersuchung zeigt, daß sich unter dem Einfluß der
Grundwasserströmung die Standsicherheit von $\eta_C = 5,97$ auf
$\eta_C = 1,87$ verringert.

Wenn die Kohäsion des Bodens nicht so groß wäre, wie in
diesem Beispiel vorausgesetzt ist, dann wäre die Böschung mit
einsetzender Grundwasserströmung nicht mehr standsicher.

Die meisten Böschungsbrüche sind aus der Praxis-infolge
von andauernden, starken Regenfällen und Sickerströmungen-
her bekannt. Der Ingenieur hat diese Einflüsse daher sehr
gewissenhaft zu berücksichtigen, indem er, wenn keine genaueren Unterlagen erreichbar sind, mindestens eine böschungsparallele Grundwasserströmung annimmt und eine
Standsicherheit von mindestens $\eta = 1,1$ durch entsprechende
Wahl der Konstruktion erfüllt.

In gleicher Weise wird auch die Standsicherheit beeinträchtigt, wenn durch einen Erddamm ein Grundwasserstrom
mit freier oberer Stromlinie fließt.

Aufgabe 10 Standsicherheit einer endlichen Böschung
in bindigen Böden ohne Grundwasserströmung
nach TAYLOR (1938)

Abb. 2.22 zeigt eine Böschung in einem bindigen Boden. Der wirksame Reibungswinkel des Bodens ist $\varphi' = 20°$. Die Kohäsion beträgt $c' = 0,15$ kg/cm^2. Das Raumgewicht im erdfeuchten Zustand ist $\gamma = 1,79$ t/m^3.

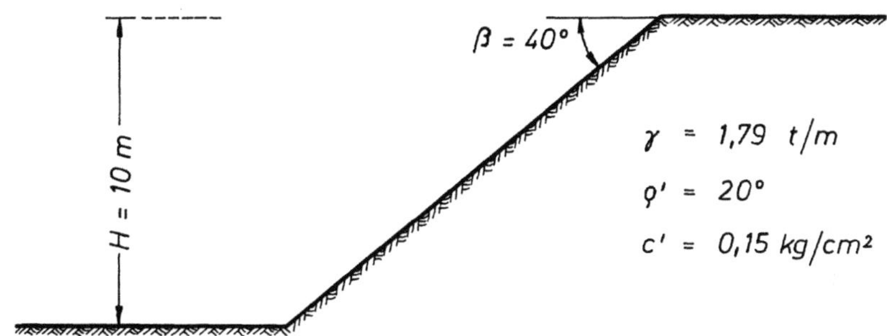

Abb. 2.22   Endliche Böschung in bindigen
Böden ohne Grundwasserströmung.

Bestimme für die dargestellte Böschung nach dem Verfahren des Reibungskreises (TAYLOR 1938):

a)   die Standsicherheit für die Haftfestigkeit,
b)   die Standsicherheit für den Scherwiderstand.

Grundlagen

Abb. 2.23 zeigt eine willkürlich gewählte kreiszylindrische Gleitfläche mit dem Radius r. Um den Mittelpunkt M wurde ein weiterer Kreis gezeichnet, dessen Radius $r' = r \sin \varphi$ ist. Jede Tangente an diesen kleinen Kreis muß mit der Normalen $\varDelta N$ auf den Gleitkreis den Winkel φ bilden.

Der Kreis mit dem Radius $r' = r \sin \varphi$ wird Reibungskreis genannt, und $\varDelta P$ ist die Gleitflächenreaktion aus der Reibung auf dem Gleitkreis.

An dem Gleitkörper greifen nunmehr folgende Kräfte an:

a)   P = resultierende Kraft aus der Reibung am Gleit-
           kreis in t/m

b) K = resultierende Kraft aus der Kohäsion am Gleit-
          kreis in t/m

c) G = Eigengewicht des Gleitkörpers in t/m

d) U = resultierende Kraft aus den neutralen Span-
          nungen (hydrostatische Spannungen) auf der
          Gleitfläche in t/m

e) B = resultierende Kraft aus dem Eigengewicht G
          und der Kraft U in t/m

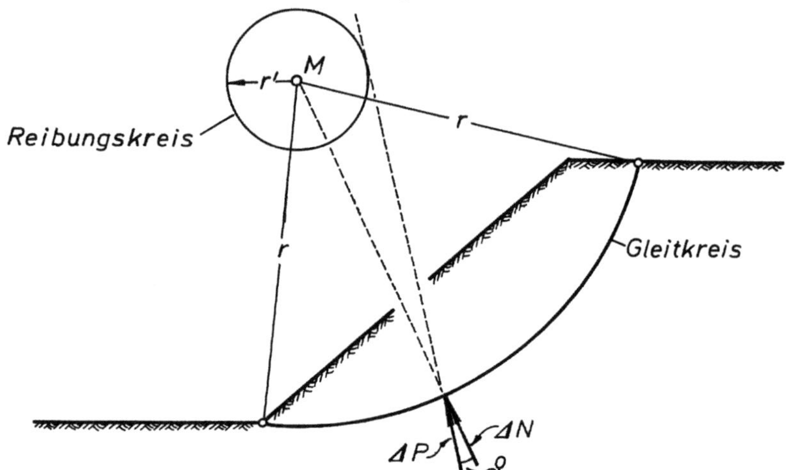

Abb. 2.23 Methode des Reibungskreises.

Die obengenannten Kräfte und ihre Wirkungslinien werden
folgendermaßen bestimmt:

a) Bestimmung der Wirkungslinie von P

    Die resultierende Kraft P (Abb. 2.24) aus den Teil-
    kräften P_1 bis P_6 auf den Gleitkreis berührt einen
    etwas größeren Reibungskreis, dessen Radius
    $r'' = k \cdot r \cdot \sin\varphi$ ist, wie man leicht nachweisen kann.
    Der Faktor k hängt von der Verteilung der wirksamen
    Spannungen auf dem Gleitkreis und vom Winkel 2δ ab.
    Für die zwei am häufigsten vorkommenden Spannungs-
    verteilungen gibt die Abb. 2.44 den Faktor k in Ab-
    hängigkeit vom Öffnungswinkel 2δ an. Aus zahlreichen
    Untersuchungen ist bekannt, daß die Verteilung der
    wirksamen Spannungen in der Gleitfläche überwiegend
    die Form der Kurve (b) annimmt, daher kann der Fak-
    tor k mit hinreichender Genauigkeit aus der Kurve (b)

der Abb. 2.44 bestimmt werden. Die Wirkungslinie der
Kraft P muß also einen Kreis mit dem Radius
$r'' = k \cdot r \cdot \sin \varrho$ berühren.

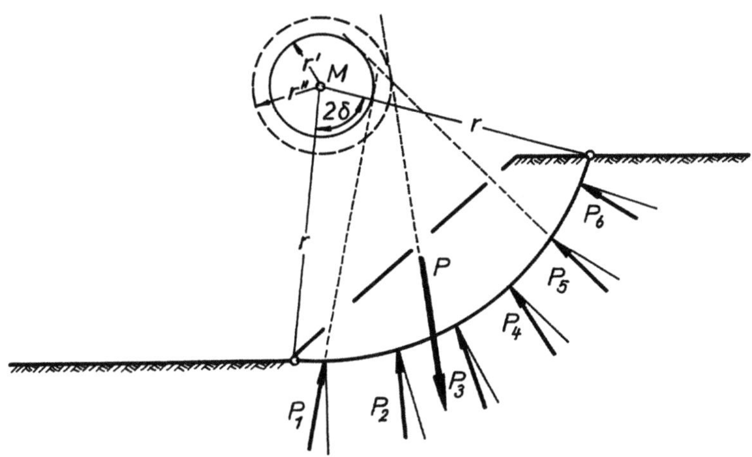

Abb. 2.24   Bestimmung der Wirkungslinie der
resultierenden Kraft P aus der Reibung
auf der Gleitfläche.

b)   Bestimmung der Wirkungslinie von K

Die Bestimmung der Wirkungslinie der Kohäsionskraft
K (Abb. 2.25) erfolgt analog zu der Ableitung in der
Aufgabe 8. Nach Gl. (2.34) ist:

$$K = c \cdot l_s \qquad (t/m)$$

Der Abstand der Kraft K vom Kreismittelpunkt ist
nach Gl. (2.35):

$$z = \frac{l_b}{l_s} \cdot r \qquad (m)$$

c)   Bestimmung von G

Das Gewicht des Gleitkörpers kann graphisch
(TAYLOR 1948), experimentell oder auch analog zu
der Aufgabe 8 ermittelt werden.

d)   Bestimmung von U

Wenn neutrale Spannungen vorhanden sind, sei es
durch die Wirkung einer Grundwasserströmung oder bei

Böschungen unter Wasser, so kann der Verlauf der
neutralen Spannungen (hydrostatischen Spannungen)
auf der Gleitfläche analog zur Aufgabe 9 bestimmt
werden. Größe und Wirkungslinie der Resultierenden
aus den neutralen Spannungen erhält man aus dem
Krafteck (Abb. 2.26).

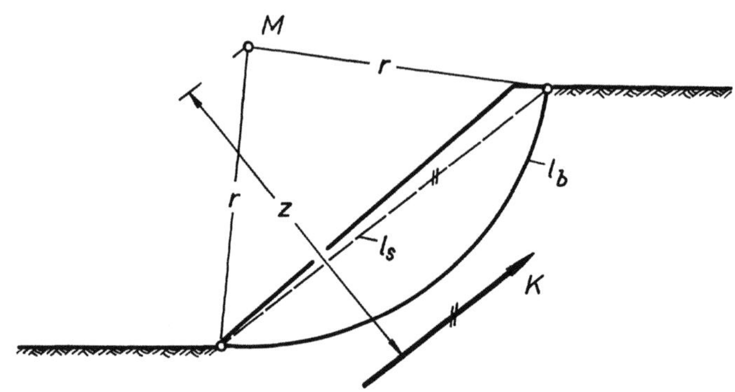

Abb. 2.25 Bestimmung der resultierenden Kohäsionskraft K auf einer kreissymmetrischen Gleitfläche.

e) Bestimmung von B

Wenn neutrale Spannungen vorhanden sind, wird B aus
dem Krafteck (Abb. 2.27) graphisch ermittelt. Wenn
keine neutralen Spannungen vorhanden sind, fällt B
mit G zusammen.

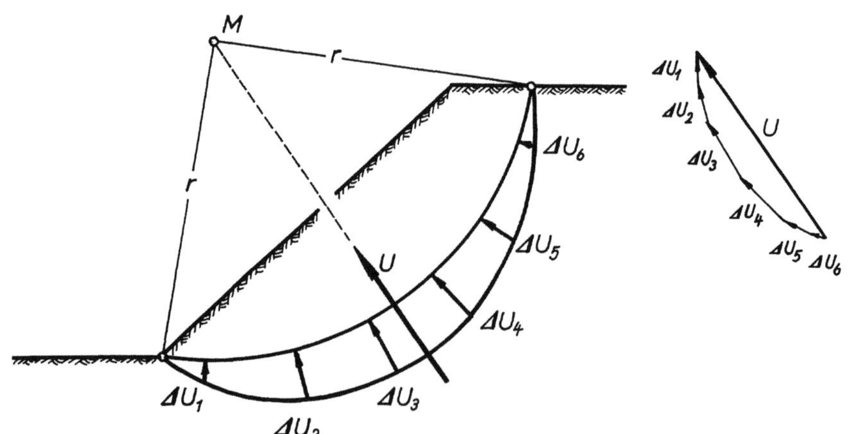

Abb. 2.26 Bestimmung der resultierenden Kraft U
aus den neutralen Spannungen auf einer kreissymmetrischen Gleitfläche.

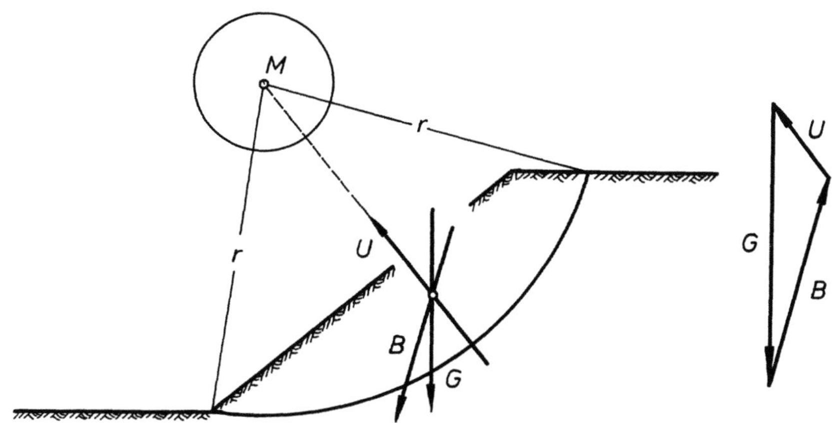

Abb. 2.27 Bestimmung von B aus den Kräften G und U.

Bestimmung der erforderlichen Kohäsion c"

Wenn keine neutralen Spannungen vorhanden sind, steht die
Böschung gerade noch im Gleichgewicht, wenn die Kräfte K,
G und P miteinander im Gleichgewicht stehen. Sie müssen also
ein geschlossenes Krafteck bilden (Abb. 2.28).

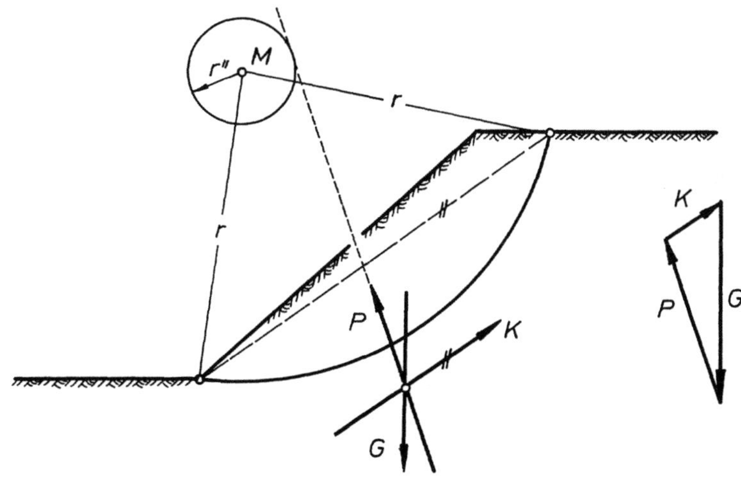

Abb. 2.28 Bestimmung der erforderlichen Kohäsion c",
wenn keine neutralen Spannungen vorhanden sind.

Die Kraft P muß durch den Schnittpunkt von K und G hindurchgehen. K ist die Kohäsionskraft, die gerade noch nötig
ist, um das Gleichgewicht der Böschung zu gewährleisten.

Die erforderliche Kohäsion c" ist nach Gl. (2.34):

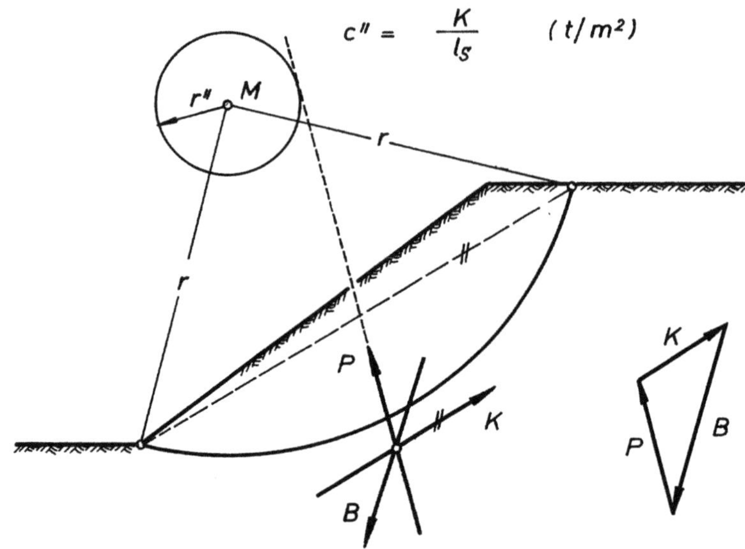

$$c'' = \frac{K}{l_s} \quad (t/m^2)$$

Abb. 2.29 Bestimmung der erforderlichen Kohäsion c",
wenn neutrale Spannungen vorhanden sind.

Wenn neutrale Spannungen vorhanden sind, steht die Böschung gerade noch im Gleichgewicht, wenn die Kräfte K,B
und P miteinander im Gleichgewicht stehen (Abb. 2.29).

Die Kraft P muß durch den Schnittpunkt von K und B hindurchgehen. K ist auch hier die Kohäsionskraft, die gerade
noch nötig ist, um das Gleichgewicht der Böschung zu gewährleisten.

Die Standsicherheit für die Haftfestigkeit ist nach
Gl. (2.1):

$$\eta_c = \frac{c}{c''}$$

Die Standsicherheit für den Scherwiderstand läßt sich
ermitteln, wenn für eine gewählte kreiszylindrische Gleit-
fläche die Standsicherheiten $\mathrm{tg}\,\varphi\,/\mathrm{tg}\,\varphi''$ und c/c" bei verschiedenen Scherparametern bekannt sind.

Man errechnet nach dem Verfahren des Reibungskreises für
verschiedene Reibungswinkel φ die Standsicherheit für den
Reibungsbeiwert $\eta_\varphi = \mathrm{tg}\,\varphi\,/\mathrm{tg}\,\varphi''$ und die Standsicherheit für
die Haftfestigkeit $\eta_c = c/c''$ und trägt die Ergebnisse im
rechtwinkligen Koordinatensystem auf (Abb. 2.30). Dann verbindet man die errechneten Punkte miteinander und erhält:

$$\frac{c}{c''} = f\left(\frac{tg\,\varphi}{tg\,\varphi''}\right)$$

Wo die Winkelhalbierende der rechtwinkligen Koordinaten die Kurve in der Abb. 2.30 schneidet, ist:

$$\eta_\varphi = \eta_c = \eta_s$$

die gesuchte Standsicherheit für den Scherwiderstand.

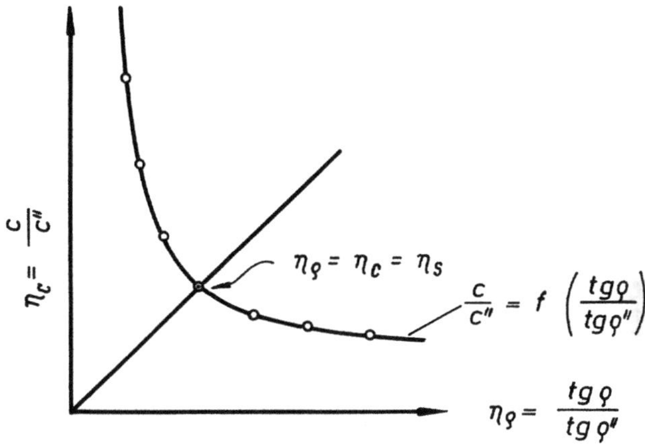

Abb. 2.30   Ermittlung der Standsicherheit für den Scherwiderstand.

Auch das Verfahren des Reibungskreises von TAYLOR muß für verschiedene kreiszylindrische Gleitflächen wiederholt werden. Die ungünstigste Standsicherheit wird als Kriterium gewählt.

Lösung

Aus der Vielzahl der untersuchten Gleitkreise wurden zwei ausgewählt, die beide den gleichen Radius r, aber verschiedene Öffnungswinkel 2δ haben.

Der Gleitkreis mit r = 15 m und $2\delta = 73^{\circ}$ ergibt die größte erforderliche Kohäsion von:

$$c'' = 0,88 \ t/m^2.$$

Zu der gleichen erforderlichen Kohäsion kommt man auch, wenn man aus Abb. 2.42 den Stabilitätsbeiwert N_c für $\beta = 40^{\circ}$ und $\varphi = 20^{\circ}$ abliest. Es ist damit $N_c = 0,05$.

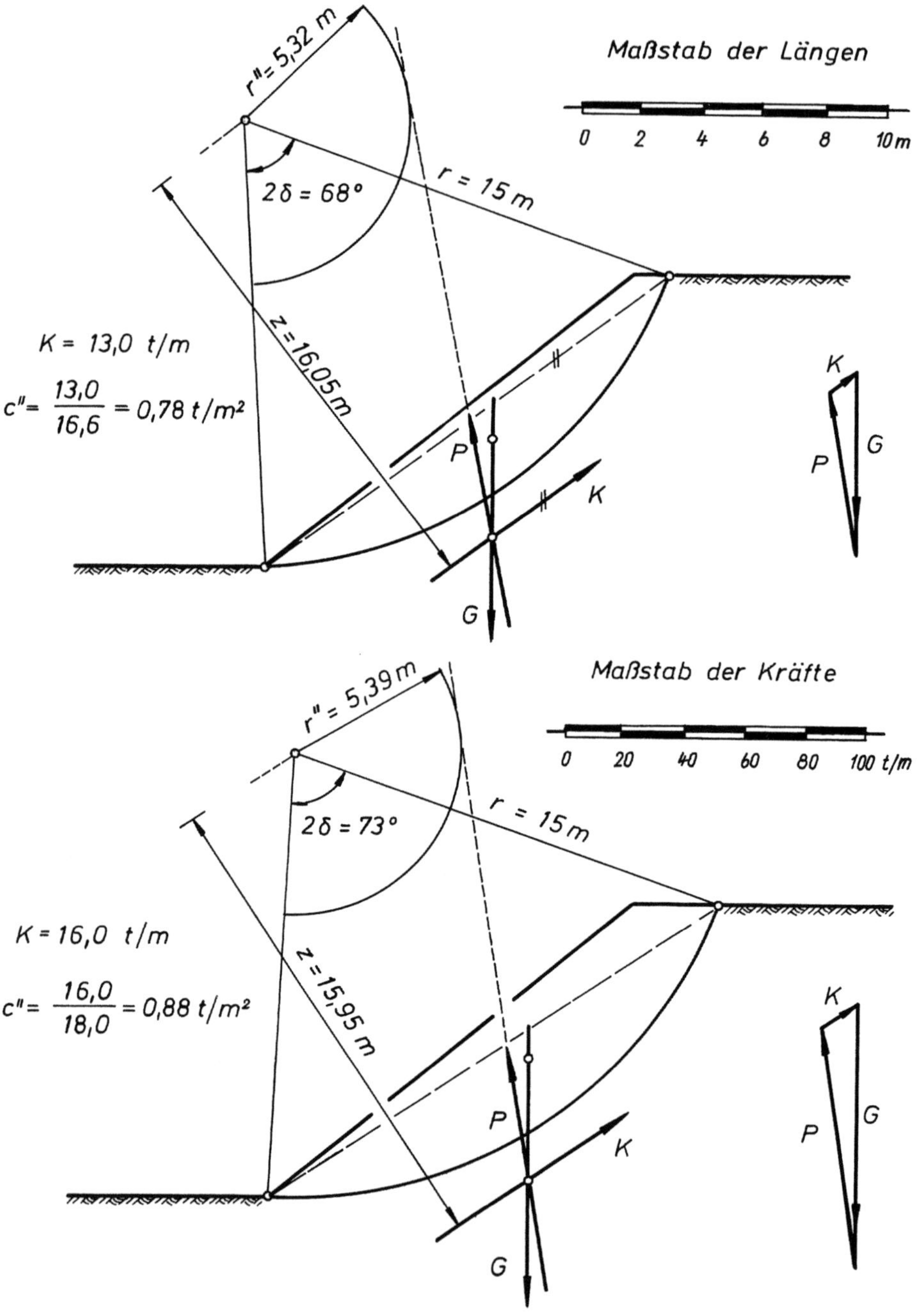

Abb. 2.31 Ermittlung der Standsicherheit für zwei verschiedene kreiszylindrische Gleitflächen.

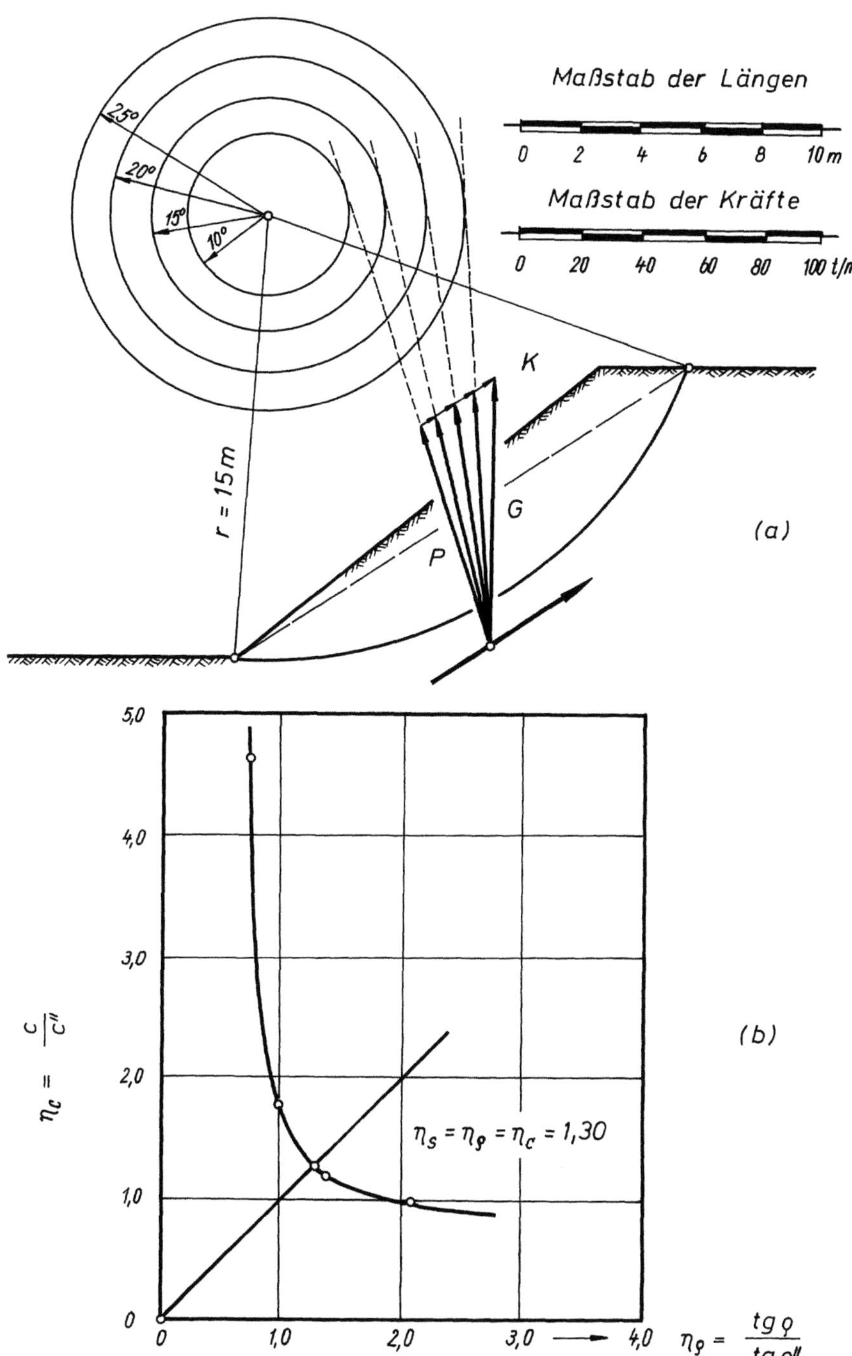

Abb. 2.32   Ermittlung der Standsicherheit für
den Scherwiderstand η_S.

Die erforderliche Kohäsion ist also:

$$c'' = N_c \cdot \gamma \cdot H = 0{,}05 \cdot 1{,}79 \cdot 10{,}0 = 0{,}88 \ t/m^2$$

Die Radien der Reibungskreise wurden in der Tab. 2.3 ermittelt. Der Beiwert k zur Bestimmung der Reibungskreise wurde nach Abb. 2.44, Kurve (b), bestimmt.

Tabelle 2.3   Bestimmung der Radien der Reibungskreise (r = 15 m).

2δ	$r \cdot \sin\varphi$	k	$r'' = k \cdot r \cdot \sin\varphi$
Grad	m	——	m
68	5,13	1,035	5,32
73	5,13	1,041	5,39

Die Abstände z wurden in der Tab. 2.4 ermittelt. Die Sehnenlänge l_s wurde abgegriffen.

Tabelle 2.4   Bestimmung der Abstände z für r = 15 m.

2δ	l_b	l_s	$z = \dfrac{l_b}{l_s} \cdot r$
Grad	m	m	m
68	17,75	16,60	16,05
73	19,15	18,00	15,95

Das Gewicht der Gleitkörper wurde in der Tab. 2.5 ermittelt. Die Fläche, die die Gleitkörper in den einzelnen Fällen einnehmen, wurden aus festem Papier ausgeschnitten und auf einer Laborwaage ausgewogen. Die Schwerpunkte der Gleitkörper wurden experimentell bestimmt. 1 mg des Modellgewichts entspricht in diesem Falle 0,775 t/m des natürlichen Gewichts.

Die Standsicherheit für die Haftfestigkeit ist also:

$$\eta_c = \frac{c}{c''} = \frac{1{,}50}{0{,}88} = 1{,}71 \ > \ 1{,}5$$

Tabelle 2.5 Bestimmung der natürlichen Gewichte G
für r = 15 m.

2δ	Modellgewicht	nat. Gewicht
Grad	mg	t/m
68	80,0	62,0
73	116,0	90,0

Die Standsicherheit für den Scherwiderstand wird für die
Bedingungen des kritischen Gleitkreises bestimmt, für den
r = 15 m und 2δ = 73° ist. Die Berechnung ist in der
Tab. 2.6 durchgeführt. Die Kohäsionskraft K wird aus der
Abb. 2.32a abgegriffen.

Tabelle 2.6 Bestimmung von η_φ, η_c und r" für verschiedene Reibungswinkel φ''.

φ''	$\sin\varphi''$	$r\cdot\sin\varphi''$	k	r''	$tg\,\varphi''$	$tg\varphi/tg\varphi''$	K	c''	c/c''
Grad	—	m	—	m	—	—	t/m	t/m²	—
10	0,173	2,60	1,041	2,71	0,176	2,07	27,0	1,50	1,00
15	0,259	3,88	1,041	4,04	0,268	1,36	22,0	1,22	1,23
20	0,342	5,13	1,041	5,34	0,364	1,00	16,0	0,88	1,71
25	0,423	6,35	1,041	6,61	0,466	0,78	7,0	0,32	4,69

Die Standsicherheiten η_φ und η_c sind in Abb. 2.32 in
ihrer Abhängigkeit voneinander aufgetragen. Die Standsicherheit für den Scherwiderstand wird aus dieser Abbildung abgegriffen. Sie beträgt η_s = 1,30.

Ergebnisse

Wie dieses Anwendungsbeispiel zeigt, hat das Verfahren
des Reibungskreises von TAYLOR gegenüber dem Verfahren von
FELLENIUS den Vorteil, daß die erforderliche Kohäsion c"
sehr viel schneller bestimmt werden kann und der Rechengang
sich gut organisieren läßt. Der zeitliche Aufwand für die

Berechnung der kritischen Standsicherheit wird dadurch erheblich reduziert, auch wenn die Untersuchung mehrerer
Gleitflächen erforderlich wird.

Bei Böden mit Reibung und Kohäsion, wie dem dieses Beispiels, läßt sich überdies noch die Tafel von TAYLOR
(Abb. 2.42) verwenden, da keine Grundwasserströmung vorhanden ist.

Außerdem ist auch die Standsicherheit für den Scherwiderstand sehr schnell ermittelt, wie die Abb. 2.32 zeigt,
und bietet eine wertvolle weitere Hilfe bei der Beurteilung
der allgemeinen Standsicherheit, selbst in dem kritischen
Fall, wenn die Reibung des Bodens nicht voll entwickelt
wird.

In diesem Beispiel ist die Standsicherheit für den
Scherwiderstand η_s = 1,30 zwar kleiner als 1,5, da aber die
Standsicherheit für die Haftfestigkeit η_c = 1,71 > 1,50 ist,
kann η_s = 1,3 als zulässig angesehen werden.

Aufgabe 11   Standsicherheit einer Böschung
unter Wasser

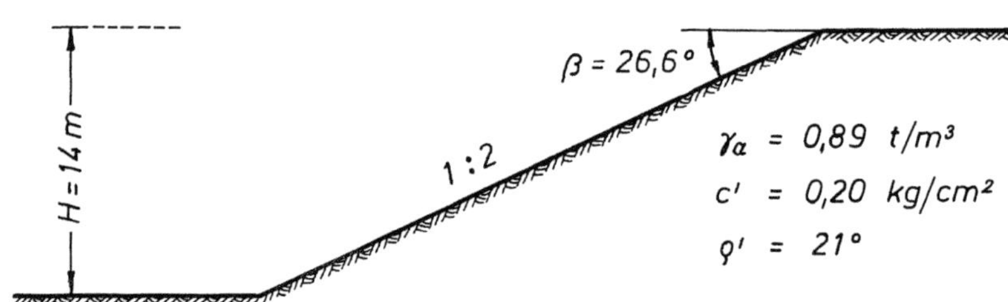

Abb. 2.33   Endliche Böschung unter Wasser.

Abb. 2.33 zeigt eine endliche Böschung, die völlig unter
Wasser steht. Das Raumgewicht des Bodens unter Auftrieb ist
γ_a = 0,89 t/m³. Die wirkliche Kohäsion ist c' = 0,2 kg/cm².
Der vorhandene wirkliche Reibungswinkel ist ϱ' = 21°. Die
Böschung hat eine Neigung von 1:2 und eine Höhe von 14 m.

Wie groß ist die Standsicherheit für die Haftfestigkeit η_c dieser Böschung?

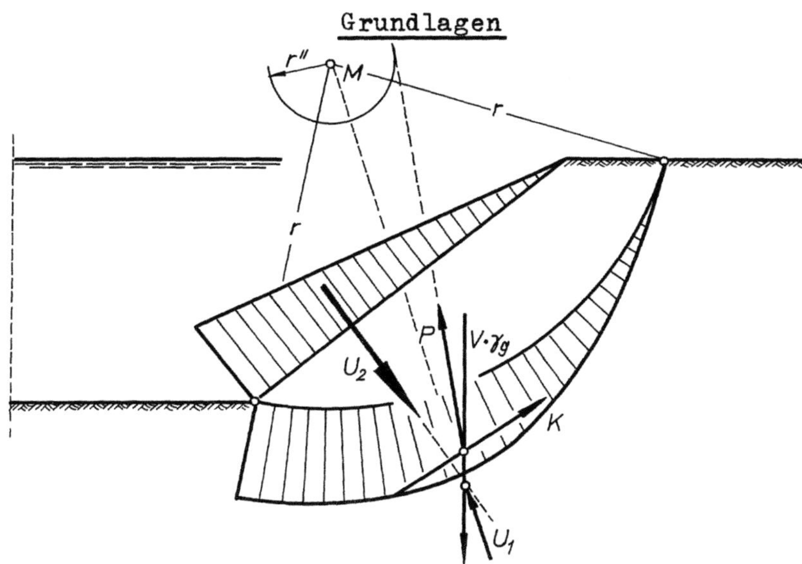

Abb. 2.34   Kräfte an einer endlichen Böschung unter
            Wasser.

An der Böschung (Abb. 2.34) greifen folgende Kräfte an:

a) $V \cdot \gamma_g$ = Gewicht des Gleitkörpers in t/m

b)   K   = resultierende Kohäsionskraft in t/m

c)   P   = resultierende Kraft aus der Reibung am
                Gleitkreis in t/m

d) U_1, U_2= resultierende Kräfte aus den neutralen
                Spannungen in t/m.

Die schraffierten Flächen in Abb. 2.34 stellen den Verlauf der neutralen Spannungen (hydrostatischen Spannungen) auf den Oberflächen des Gleitkörpers dar.

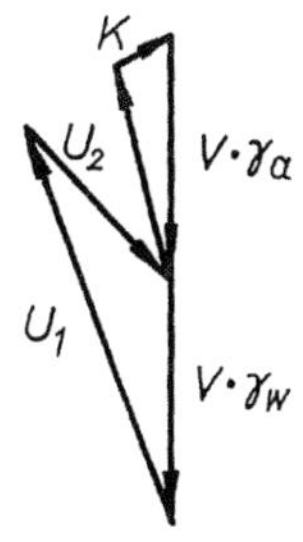

Abb. 2.35 zeigt das Krafteck aus den am Gleitkörper angreifenden Kräften. Das Gewicht des Gleitkörpers $V \cdot \gamma_g$ ist in seine zwei Komponenten $V \cdot \gamma_a$ und $V \cdot \gamma_w$ zerlegt, denn es ist:

Abb. 2.35 Krafteck.

$$V \cdot \gamma_g = V \cdot \gamma_a + V \cdot \gamma_w = V \cdot (\gamma_a + \gamma_w) \qquad (2.44)$$

Die hydrostatischen Kräfte U_1, U_2 und $V \cdot \gamma_w$ bilden zusammen wieder ein geschlossenes Krafteck und beeinflussen nicht die Standsicherheit der Böschung. Es genügt also, die Böschung analog zur Aufgabe 10 mit dem Raumgewicht des Bodens unter Wasser, γ_a, zu berechnen. Dieser Fall wird auch in den Abb. 2.41 bis 2.43 behandelt, so daß auf die umfangreiche Untersuchung verschiedener Gleitkreise in fast allen praktischen Fällen verzichtet werden kann.

Lösung

Die hier gegebene Böschung kann nach Abb. 2.41, Fall 3, behandelt werden. Der Abb. 2.42 entnimmt man für $\varrho = 21^0$ und $\beta = 26,6^0$ einen Stabilitätsbeiwert von $N_c = 0,015$. Somit ist:

$$c'' = 0,015 \cdot 0,89 \cdot 14,0 = 0,187 \ t/m^2$$

Die Standsicherheit für die Haftfestigkeit ist also:

$$\eta_c = \frac{c}{c''} = \frac{2,000}{0,187} = 10,7$$

Die Böschung unter Wasser ist ausreichend standsicher.

Aufgabe 12 Standsicherheit einer Böschung bei plötzlicher Absenkung des Wasserspiegels

Der Wasserspiegel vor der in Aufgabe 11 gegebenen Böschung soll plötzlich bis zum Böschungsfuß abgesenkt werden.

Wie groß ist die Standsicherheit für die Haftfestigkeit der Böschung bei plötzlicher Absenkung des Wasserspiegels?

Grundlagen

Wenn der Wasserspiegel in Abb. 2.34 plötzlich vollkommen abgesenkt wird, dann muß die Kraft U_2 plötzlich vollkommen entfallen, während alle anderen angreifenden Kräfte in ihrer vollen Größe weiterhin wirksam bleiben (Abb. 2.36).

In der Abb. 2.36 bedeuten:

P_t =   vektorielle Summe aus der Resultierenden P und der Kraft U_1

K_t =   Summe der Kohäsionskräfte bei vollkommener
          plötzlicher Absenkung

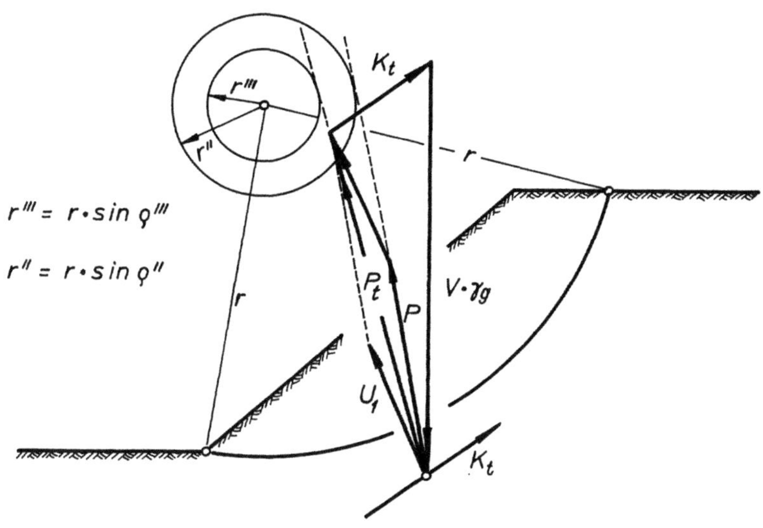

Abb. 2.36 Kräfte am Gleitkreis bei plötzlicher vollkommener Absenkung des Wasserspiegels.

Die Kraft P_t berührt einen Reibungskreis mit einem Radius von $r \sin \varrho'''$, der stets kleiner sein muß als der ur-
sprüngliche Reibungskreis mit dem Radius $r \sin \varrho''$.

Der theoretische Reibungswinkel ϱ''' läßt sich aus der Betrachtung der Momente, die von den Kräften P und P_t in bezug
auf den Kreismittelpunkt gebildet werden, ableiten. Es ist:

$$\sin \varrho''' = \frac{P}{P_t} \cdot \sin \varrho'' \qquad (2.45)$$

Da das Verhältnis P/P_t nicht leicht bestimmt werden kann,
wird als Näherung die Beziehung:

$$\varrho''' = \frac{\gamma_a}{\gamma_g} \cdot \varrho'' \qquad (2.46)$$

eingeführt.

Für Böschungen, bei denen der Wasserspiegel plötzlich
vollkommen abgesenkt wird, läßt sich die Standsicherheit
nach den Abb. 2.41 bis 2.43 berechnen, wenn man das Raum-

gewicht des gesättigten Bodens und den theoretischen Reibungswinkel ϱ''' einsetzt.

Lösung

Nach Gl. (2.46) ist:

$$\varrho''' = \frac{0,89}{1,89} \cdot 21 = 10°$$

Für die gegebene Böschung ist der Fall 3, Abb. 2.41, maßgebend. Man entnimmt der Abb. 2.42 für $\varrho''' = 10°$ und $\beta = 26,6°$ einen Stabilitätsbeiwert von $N_c = 0,0625$.

Die erforderliche Haftfestigkeit ist also mit dem Raumgewicht des gesättigten Bodens $\gamma_g = 1,89$ t/m^3:

$$c'' = 0,0625 \cdot 1,89 \cdot 14,0 = 1,65 \text{ t/m}^2$$

Die Standsicherheit für die Haftfestigkeit ist also:

$$\eta_c = \frac{2,00}{1,65} = 1,2 > 1,1$$

Für den hier untersuchten sehr ungünstigen Fall einer plötzlichen vollkommenen Absenkung des Wasserspiegels, der einer ausgesprochenen Katastrophensituation entspricht, darf eine Standsicherheit von $\eta_c = 1,1$ zugelassen werden. Die Rechnung zeigt, daß die Böschung bei plötzlicher vollkommener Absenkung des Wasserspiegels ausreichend standsicher ist.

Ergebnisse

Die Aufgaben 11 und 12 zeigen, welche gefährliche Wirkung eine plötzliche vollkommene Absenkung des Wasserspiegels auf die Standsicherheit einer Böschung haben kann. Die Standsicherheit wird praktisch auf 1/10 ihres ursprünglichen Wertes reduziert. Diese Abminderung muß unmittelbar zur Rutschung führen, wenn eine Böschung nicht entsprechend sicher hergestellt wurde.

Eine plötzliche vollkommene Absenkung des Wasserspiegels vor einer Böschung kann allerdings in der Praxis nie

eintreten. Das vermindert ein wenig die Rutschgefahr. Man
tut aber in jedem Falle gut daran, wenn man den hier dargestellten, besonders ungünstigen Belastungsfall berücksichtigt, da ja auch eine Änderung der Bodenkennziffern
nicht ausgeschlossen werden kann und ein möglicher ungün-
stiger Einfluß aus einer solchen Änderung durch die gegebene
größere Sicherheit einigermaßen ausgeglichen werden kann.

Aufgabe 13 Standsicherheit einer endlichen Böschung in bindigen Böden mit konstanter Grundwasserströmung nach TAYLOR

Wie groß ist die Standsicherheit für die Haftfestigkeit
nach dem Verfahren von TAYLOR (1948), wenn in der Böschung
(Abb. 2.33) eine Grundwasserströmung parallel zur Böschungsoberfläche angenommen wird?

Grundlagen

Der Fall einer stationären Grundwasserströmung wurde bereits in der Aufgabe 9 nach dem Verfahren von FELLENIUS für
das Strömungsnetz in Abb. 2.14 untersucht. Die hydrostatischen Drücke auf den Gleitkreis in der Aufgabe 9 sind in
der Abb. 2.18 wiedergegeben.

Das wesentliche Merkmal dieser Verteilung ist, daß die
hydrostatischen Drücke am Böschungsfuß gleich Null werden.
Vergleicht man nun den Verlauf dieser neutralen Spannungen
mit denen der Aufgabe 12 (Abb. 2.34), so sieht man sofort,
daß die resultierende Kraft aus den neutralen Spannungen U
in dieser Aufgabe kleiner sein muß, höher angreifen muß und
flacher geneigt sein muß (Abb. 2.37).

Außerdem ist die Kraft P in dieser Aufgabe steiler geneigt als in der Aufgabe 12, denn der Schnittpunkt 1 der
Resultierenden B aus den Kräften G und U liegt stets links
vom Schnittpunkt 2 (Abb. 2.38), und als Folge davon wird die
Neigung der Kraft P steiler. Im Krafteck rufen diese beiden
Veränderungen eine Verminderung der erforderlichen Kohäsion
hervor (Abb. 2.39).

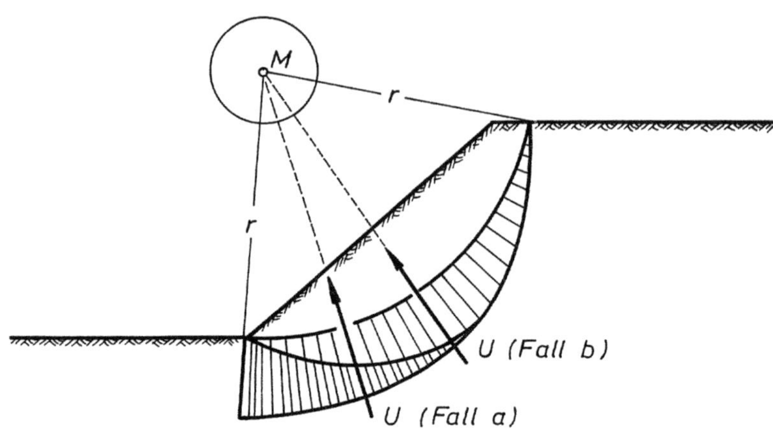

Abb. 2.37   Resultierende Kräfte aus den neutralen
            Spannungen am Gleitkreis:

   Fall a: Plötzliche vollkommene Absenkung
   Fall b: Konstante Grundwasserströmung.

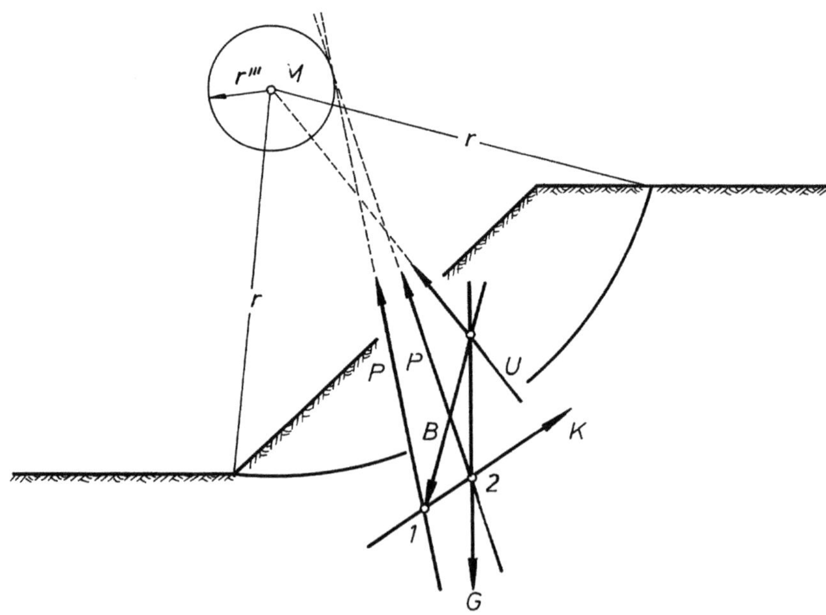

Abb. 2.38   Einfluß der konstanten Grundwasserströmung
            auf die Neigung der Kraft P.

Der Unterschied ist nicht sehr groß, und man erhält eine etwas zu geringe Standsicherheit, wenn man analog zur Aufgabe 12 die erforderliche Haftfestigkeit nach den Abb. 2.41 bis 2.43 bestimmt.

Auf einen genauen Nachweis kann man aber in fast allen praktischen Fällen verzichten und mit der geringeren Standsicherheit rechnen. Die Standsicherheit einer Böschung, die

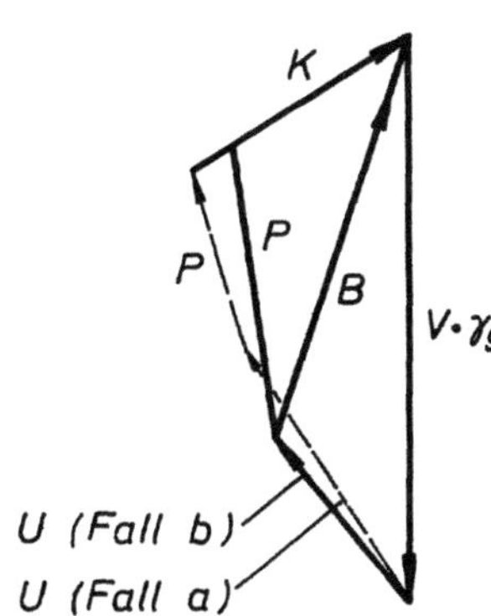

Abb. 2.39 Krafteck zu den Kräften in der Abb. 2.38.

vom Grundwasser durchströmt wird, wird gegenüber der in der Aufgabe 12 errechneten Standsicherheit etwas höher sein.

Lösung

Die Standsicherheit beträgt angenähert und nach der Berechnung in der Aufgabe 12 $\eta_c = 1,2$.

Aufgabe 14 Einfluß von Erdbeben auf die Standsicherheit einer endlichen Böschung

Die in der Aufgabe 10 gegebene Böschung soll sich in einem erdbebengefährdeten Gebiet befinden und muß dementsprechend auch auf ihre Standsicherheit unter Erdbebeneinwirkung untersucht werden.

Wie groß ist die Standsicherheit für die Haftfestigkeit bei Berücksichtigung einer Erdbebenwirkung?

Grundlagen

Man unterscheidet grundsätzlich zwei Typen von Erdbebenwellen:

a) P-Wellen, das sind Druckwellen. Die Bezeichnung "P-Welle" ist von dem lateinischen Wort "primae" abgeleitet, da diese Wellen als erste die Erdoberfläche erreichen. Die Geschwindigkeit von P-Wellen in verschiedenen Böden ist in der Tab. 2.7 wiedergegeben.

b) S-Wellen, das sind Wellen mit Schwingungsebenen rechtwinklig zur Fortpflanzungsrichtung. Die Bezeichnung "S-Welle" ist von dem lateinischen Wort "secundae" abgeleitet, da diese Wellen als zweite die Erdoberfläche erreichen. Die Amplituden sind gewöhnlich größer als bei P-Wellen. Die Schwingungen können horizontal und vertikal verlaufen.

Drei Bewegungen der Erdoberfläche werden bei Erdbebenmessungen gleichzeitig registriert:

a) Vertikalbewegungen
b) Horizontalbewegungen Nord-Süd
c) Horizontalbewegungen Ost-West

Erdbeben dauern selten länger als eine Minute. Die zerstörerische Phase dauert in den meisten Fällen nur wenige Sekunden.

Für die Bestimmung der Intensität von Erdbeben wurden verschiedene Klassifizierungssysteme entwickelt (ROSSI-FOREL 1883, MERCALLI 1931).

In allen Ländern der Erde stehen außerdem Karten mit Angaben über die Wahrscheinlichkeit der Erdbebenintensität zur Verfügung.

Wenn eine Böschung von einem Erdbeben getroffen wird, so verursachen im wesentlichen die horizontalen Schwingungen eine zusätzliche Scherbeanspruchung und somit eine Verringerung der Standsicherheit. Die Untersuchung einer Böschung in Erdbebengebieten muß daher stets auch den Erdbebenfall einschließen.

Für Erddämme auf starrer Unterlage muß mindestens eine zusätzliche horizontale Kraft für eine Beschleunigung der Massen von 0,05 g (Erddämme auf nachgiebiger Unterlage: 0,10 g) eingesetzt werden, dabei muß die Standsicherheit mindestens $\eta = 1,0$ betragen.

Es ist also:

$$E = 0,05 \cdot G \quad \text{oder} \quad E = 0,10 \cdot G \quad (t/m) \quad (2.47)$$

E = horizontale Erdbebenkraft in t/m
G = Gesamtgewicht des ungünstigsten Gleitkörpers in t/m

Bei diesen Annahmen ist nicht berücksichtigt, daß die Festigkeitseigenschaften einer Schüttung im allgemeinen während eines Erdbebenstoßes beträchtlich zunehmen. Das bedeutet eine zusätzliche Sicherheit gegen die Entwicklung von Gleitflächen.

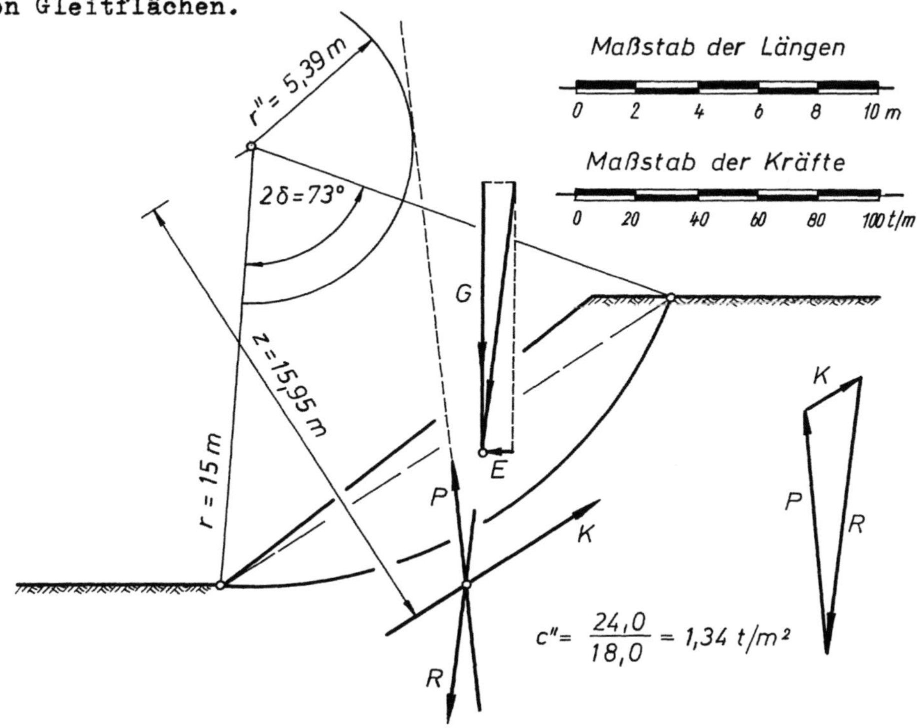

Abb. 2.40   Ermittlung der Standsicherheit einer Böschung unter Erdbebeneinwirkung.

Lösung

Die ungünstigste kreiszylindrische Gleitfläche ist in Abb. 2.31 für 2δ = 73° dargestellt. In der Abb. 2.40 werden die angreifenden Kräfte um die horizontale Erdbebenkraft erweitert. Aus dem zugehörigen Krafteck ergibt sich eine resultierende Kohäsionskraft von K = 24,0 t/m und eine erforderliche Kohäsion von:

$$c'' = \frac{24,0}{18,0} = 1,34 \ t/m^2, \qquad \eta_c = \frac{c}{c''} = \frac{1,50}{1,34} = 1,12$$

Die Böschung ist also auch unter Erdbebeneinwirkungen ausreichend standsicher.

Ergebnisse

Ohne die Erdbebeneinwirkung beträgt die Standsicherheit der Böschung $\eta_c = 1,71$. Die Erdbebeneinwirkung reduziert die Standsicherheit also um annähernd 40 %.

Die hier ermittelten Werte haben allerdings nur theoretischen Charakter. Sie sollen dem Ingenieur in der Hauptsache als Maßstab für die Beurteilung der Böschungseigenschaften unter diesen besonders ungünstigen Bedingungen dienen, müssen aber nicht immer in der errechneten Größe voll auftreten. In der Tat ist nur ein Fall bekanntgeworden, in dem ein Erdstaudamm infolge von Erdbebeneinwirkungen zerstört wurde. Es handelt sich dabei um den Sheffield-Damm bei Santa Barbara in Kalifornien.

CASAGRANDE kommt daher hinsichtlich der Auswirkung von Erdbeben auf Böschungen zu folgenden Schlüssen:

a)   Sehr hohe Böschungen aus weichem, klüftigem Fels sind besonders empfindlich,

b)   Schüttungen aus losen, gesättigten Sanden zeigen einen Fließeffekt,

c)   nichtbindige Böden im trockenen, lockeren Zustand mit Böschungsneigungen im Bereich des natürlichen Böschungswinkels zeigen eine leichte Abflachung der Böschung,

d)   gut verdichtete, nichtbindige Böden im trockenen oder gesättigten Zustand zeigen bei üblichen Böschungsneigungen keine negativen Wirkungen,

e)   viele weiche, leichtplastische Schluffe (organische und nichtorganische) sind sehr empfindlich und zeigen einen Fließeffekt,

f)   relativ flache Böschungen aus Ton, die unter normalen Umständen standsicher sind, sind auch unter
     Erdbebeneinwirkungen standsicher,

g)   Steinschüttungen mit Neigungen unterhalb des natürlichen Böschungswinkels bleiben standsicher, können
     aber infolge von Materialumlagerungen Verformungen
     erfahren.

2.2 Berechnungstafeln und Zahlenwerte

Tabelle 2.7 Geschwindigkeiten von P-Wellen in
             geringen Tiefen.

Material	Geschwindigkeit	
	ft per sec	m/s
Sand..........	650 – 6500	200 – 2000
Löß..........	1000 – 2000	300 – 600
Alluvium.....	1600 – 6500	500 – 2000
Ton..........	3300 – 9200	1000 – 2800
Salz.........	15000	4600
Sandstein....	4600 – 14100	1400 – 4300
Kalkstein....	5600 – 21000	1700 – 6400
Granit.......	13000 – 18700	4000 – 5700
Quarzit......	20000	6100

Fall		Merkmale	Berechnung nach:
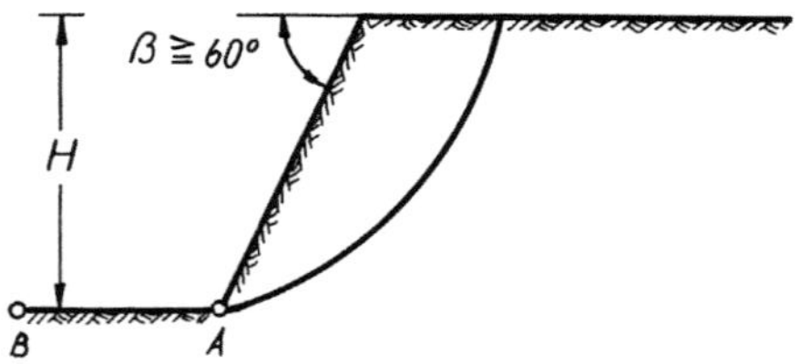	1	Homogener Boden Gleitfuge geht durch den Punkt A und verläuft oberhalb AB	Abb. 2.42 Zone A
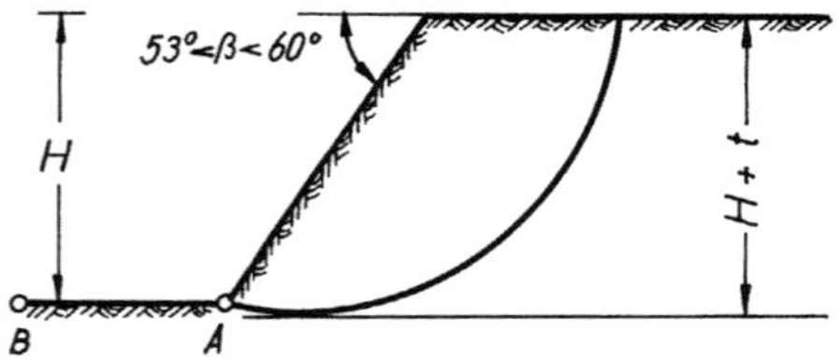	2	Homogener Boden Gleitfuge geht durch den Punkt A und verläuft teilweise unterhalb AB	Abb. 2.42 $N_c = f(\beta)$, dargestellt durch volle Linien
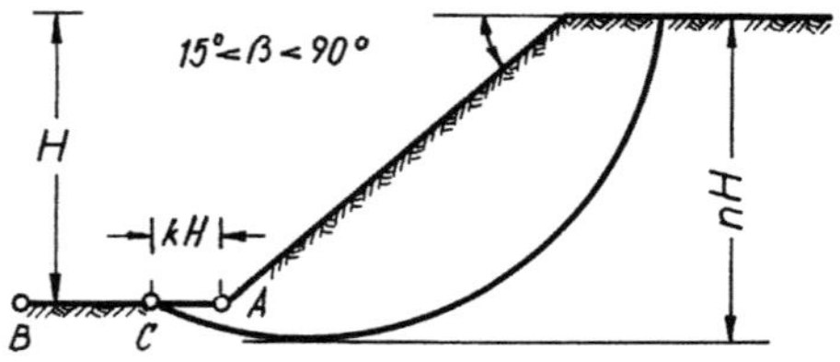	3	Homogener Boden Gleitfuge geht durch den Punkt C und verläuft teilweise unterhalb AB	Für $\beta > 15°$ ist $N_c = 0{,}181$, wenn $\varrho = 0$. Sonst Abb. 2.42, langgestrichelte Linien ——— Für $\varrho > 5°$ volle Linien wie Fall 2

Abb. 2.41a　Berechnungsverfahren für verschiedene einfache Böschungsformen in homogenen Böden nach TAYLOR (1948).

Fall		Merkmale	Berechnung nach:
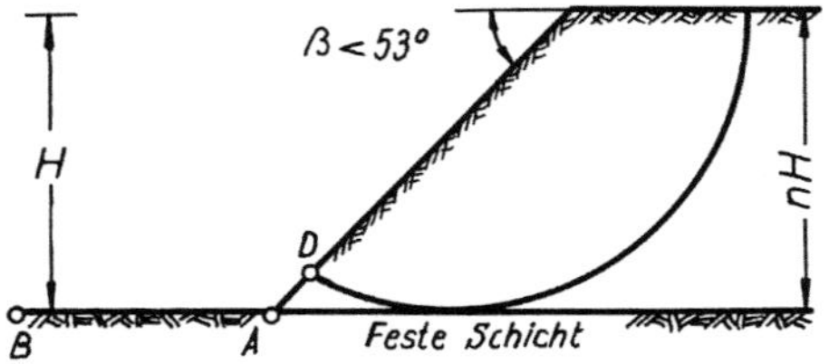	4	Inhomogener Boden n = 1 Gleitfuge geht durch den Punkt D und berührt die feste Schicht	Abb. 2.42 $N_C = f(\beta)$, dargestellt durch kurzgestrichelte Linien ―――――――
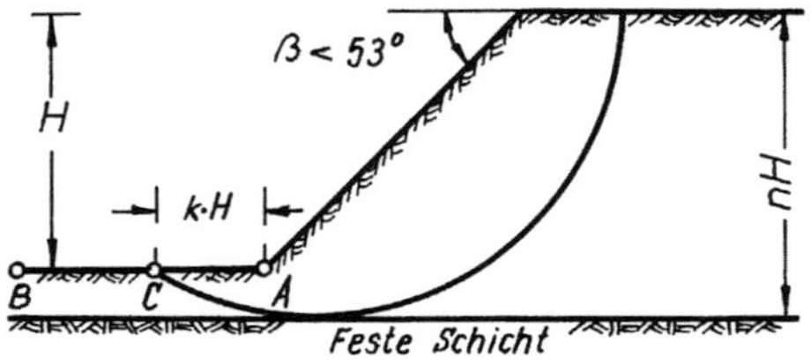	5	Inhomogener Boden n > 1 Gleitfuge geht durch den Punkt C und berührt die feste Schicht	Abb. 2.43 $N_C = f(n)$, dargestellt durch volle Linien ――
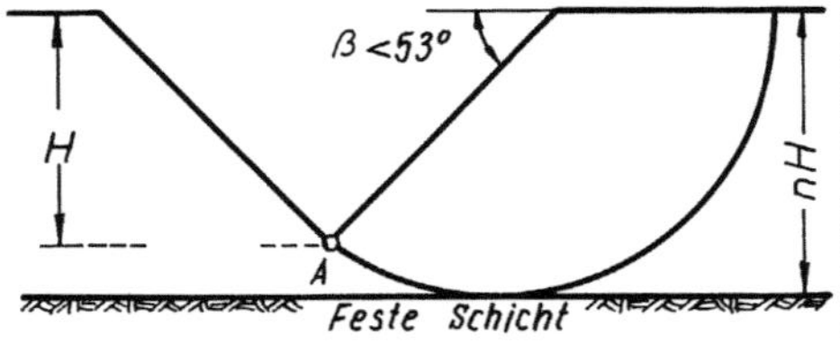	6	Inhomogener Boden n > 1 Gleitfuge geht durch den Punkt A und berührt die feste Schicht	Abb. 2.43 $N_C = f(n)$, dargestellt durch langgestrichelte Linien ―― ―― ――

Abb. 2.41b   Berechnungsverfahren für verschiedene einfache Böschungsformen in inhomogenen Böden nach TAYLOR (1948).

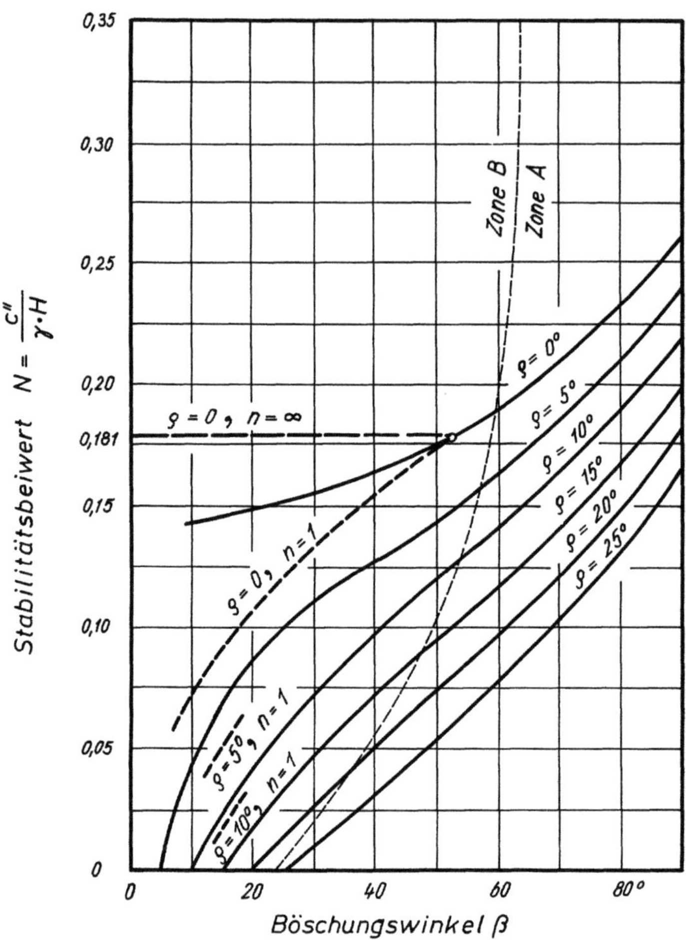

Abb. 2.42 Stabilitätsbeiwerte N_c als Funktion
des Böschungswinkels β (nach TAYLOR 1948).

(Zur Anwendung siehe Abb. 2.41.)

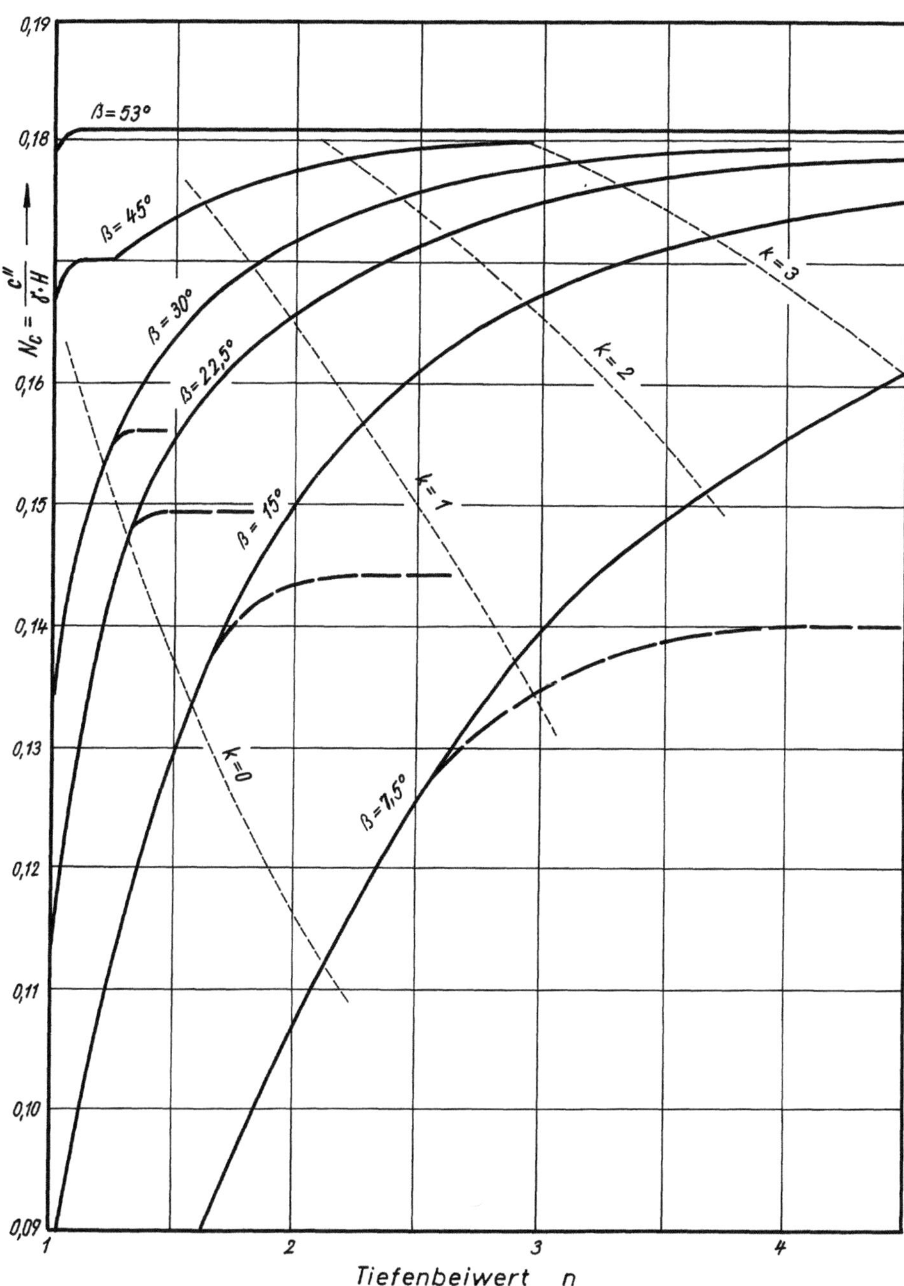

Abb. 2.43 Stabilitätsbeiwerte N_c als Funktion des Tiefenbeiwertes n bei $\varrho = 0$ (nach TAYLOR 1948). (Zur Anwendung siehe Abb. 2.41.)

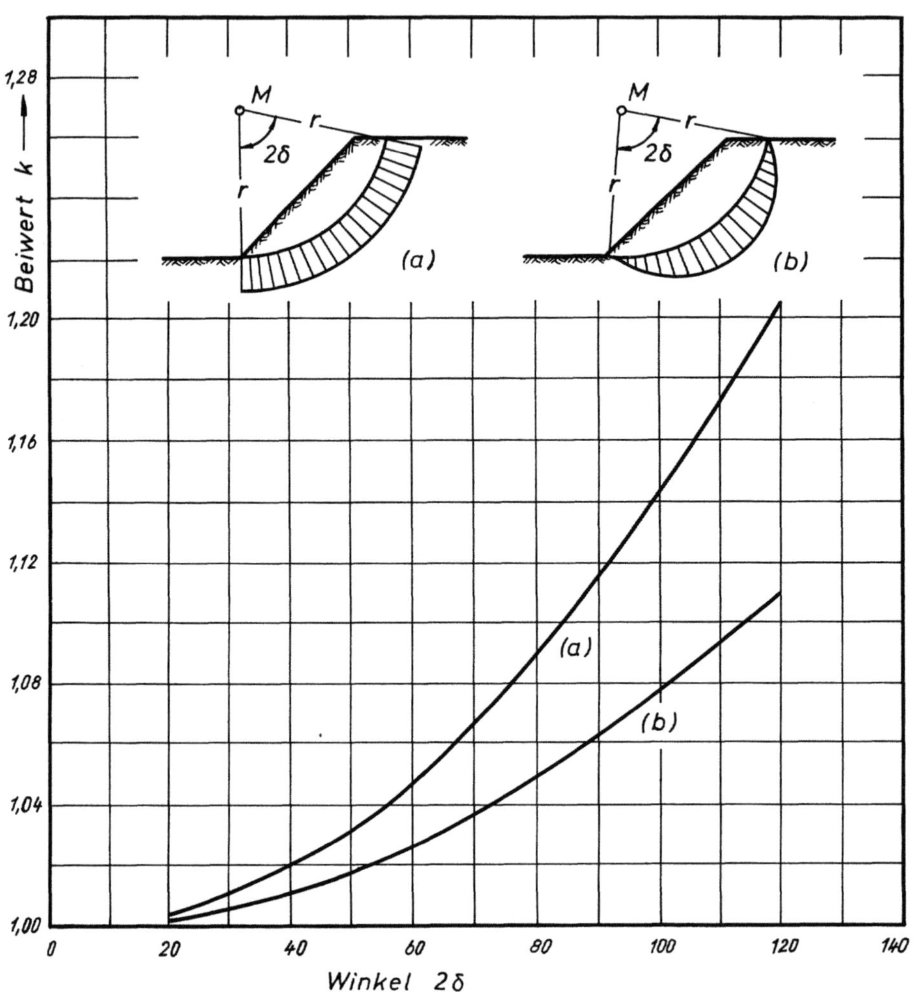

Abb. 2.44   Beiwerte k als Funktion des Winkels 2δ
(nach TAYLOR 1948).

2.3 Literatur

COULOMB (1773) Essai sur une application des règles de
maximis et minimis à quelques problèmes de statique
relatifs à l'architecture. Mémoires de la mathématique
et de physique, présentés à l'Académie Royale des
Sciences, par divers savants, et lûs dans ses
assemblées, Bd.7. L'imprimerie royale Paris.

CULMANN (1866) Die graphische Statik. Abschn. XIII, Theorie
der Stütz- und Futtermauern. Zürich.

FRANCAIS (1820) Recherches sur la poussée des terres sur
la forme et le dimension des revêtements et sur les
talus d'excavation. Mémoires de l'officier de Génie.
Paris, Bd. 4, S. 157 - 193.

PETTERSON (1916) Kajraset i Göteborg den 5te mars 1916.
Teknisk Tidskrift, Nr. 30 und 31, S. 281 - 287.

HULTIN (1916) Grusfyllningar för kajbyggnader. Teknisk
Tidskrift, Nr. 31, S. 292 - 294.

FELLENIUS (1916) Kaj- och jordrasen i Göteborg. Teknisk
Tidskrift Nr. 2, S. 17 - 19.

FRONTARD (1922) Cycloides de glissement des terres.
Comptes rendues hebdomadaires, Académie des Sciences.
Paris, S. 526 - 529.

FELLENIUS (1936) Calculation of stability of earth dams.
Transactions, 2. Congress on Large Dams in Washington,
US Government Printing Office Washington D.C., Bd. 4,
S. 445 - 462 und 477.

HECK (1936) Earthquakes. Princeton University Press.

TAYLOR (1937) Stability of earth slopes. Journal Boston
Society of Civil Engineers, Bd. 24, S. 197 - 246.

TAYLOR (1938) The stability analysis of a foundation
failure. Proc. Highway Research, Bd. 18, S. 93 - 97.

EHRENBERG (1938) Standsicherheitsberechnungen von Stau-
dämmen. 2. Congress on Large Dams in Washington,
US Government Printing Office Washington D.C., Bd. 4,
S. 331 - 389 und 356 - 357.

FELLENIUS (1947) Erdstatische Berechnungen mit Reibung und
Kohäsion (Adhäsion) und unter Annahme kreiszylindrischer
Gleitflächen. Wilhelm Ernst & Sohn Berlin.

TAYLOR (1948) Fundamentals of soil mechanics. Wiley & Sons
New York.

CHRISTENSEN (1950) Geostatic investigation with especial
    reference to embankment sections. Ingeniørvidenskabelige
    Skrifter Nr. 3, Kopenhagen.

FRÖHLICH (1950) Sicherheit gegen Rutschung einer Erdmasse
    auf kreiszylindrischer Gleitfläche mit Berücksichtigung
    der Spannungsverteilung in dieser Fläche.
    Federhofer-Girkmann-Festschrift Wien, S. 181 - 197.

REINUS (1954) The stability of slopes of earth dams.
    Proc. Europ. Conf. on Stability of Earth Slopes
    Stockholm.

COLLIN (1956) Landslides in clays. University of Toronto
    Press.

BOROWICKA (1959) Über die Standsicherheit von Böschungen.
    Österreichische Ingenieur-Zeitschrift, Jg. 2, H.1.

BISHOP/MORGENSTERN (1960) Stability coefficients of earth
    slopes. Géotechnique, Dez. 1960.

3. Tragfähigkeit von Flachgründungen

3.1 Aufgaben

Aufgabe 15 Aktiver und passiver Erddruck in Böden
mit Kohäsion und Reibung

Eine starre, glatte Wand läßt sich in positiver und negativer x-Richtung beliebig verschieben (Abb. 3.1).

Wie groß ist die resultierende Kraft aus dem Erddruck auf diese Wand, und in welcher Tiefe z unter der Geländeoberfläche greift sie an, wenn:

a)   die Wand in negativer x-Richtung verschoben wird,

b)   die Wand gegen die Hinterfüllung in positiver
     x-Richtung verschoben wird?

Grundlagen

Im Abschnitt 1 wurden die verschiedenen Möglichkeiten untersucht, bei denen sich ein Fundament setzen kann.
Wenn die Setzungen ein zugelassenes Maß überschreiten, ist

die Standsicherheit des Bauwerks nicht mehr gewährleistet,
und es müssen Maßnahmen ergriffen werden, um die Setzungen
zu verringern.

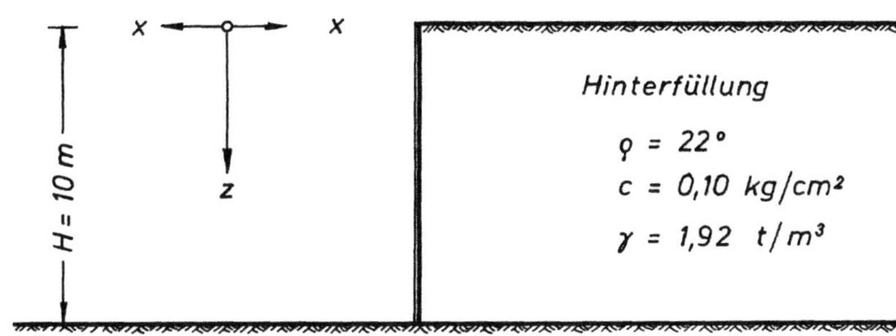

Abb. 3.1 Erddruck auf eine starre, glatte Wand.

Die Standsicherheit kann aber hinsichtlich der Setzungen
noch gewährleistet sein, hinsichtlich des Grundbruches jedoch in Frage gestellt sein, daher muß stets neben der Set-
zungsuntersuchung auch eine Grundbruchuntersuchung der Bau-
werksfundamente durchgeführt werden. Die Last, die gerade
so groß ist, daß sie den Grundbruch hervorruft, wird als
Grundbruchlast bezeichnet.

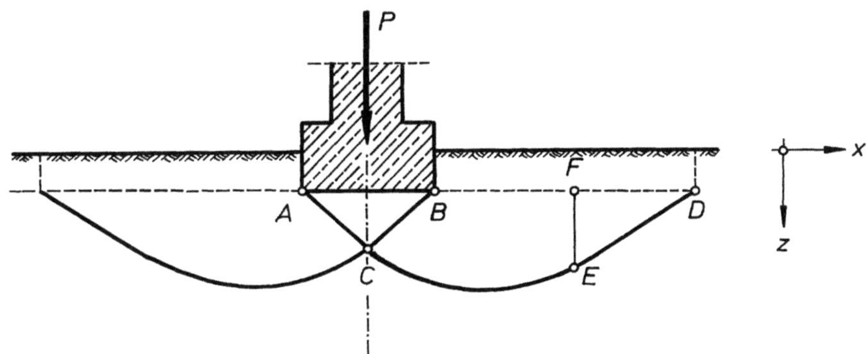

Abb. 3.2 Gleitflächen beim Grundbruch unter einem
          Streifenfundament.

Die hier behandelten Grundbruchuntersuchungen gehen alle
von den klassischen, auf der Erdbaustatik aufbauenden
Untersuchungsmethoden aus. Neuere Forschungsergebnisse,

die die bodenmechanischen Stabilitätsfälle als Spannungs-
probleme behandeln und meistens mit der Anwendung numeri-
scher Methoden verbunden sind, sind in diesem Abschnitt
nicht enthalten. Sie müssen wegen ihres Umfanges einer besonderen Veröffentlichung vorbehalten bleiben.

Wenn der Grundbruch einsetzt, bilden sich unter der gegebenen Belastung im Boden Gleitflächen aus, auf denen sich
die Bodenmassen gegeneinander verschieben. Abb. 3.2 zeigt
den Verlauf dieser Gleitflächen unter einem Streifenfundament, das in einer geringen Tiefe unter der Geländeoberfläche gegründet ist und in dessen Sohlfläche keine Reibung
auftritt. Die Kurvenstücke AC, CB und ED stellen angenähert
gerade Linien und das Kurvenstück CE einen Teil einer logarithmischen Spirale dar.

Auf beliebigen Schnitten durch die Grundbruchfigur,
beispielsweise Schnitt FE, treten nach den klassischen
Grundbruchtheorien im Bruchzustand Erddrücke auf, deren
Größe bekannt sein muß, wenn die Grundbruchlast eines Fundamentes berechnet werden soll.

Wenn sich im Augenblick des Grundbruchs die Fläche FE
in positiver x-Richtung bewegt, liegt das gleiche Problem
vor, das in dieser Aufgabe behandelt wird, deshalb werden
zunächst die Gesetzmäßigkeiten untersucht, die mit diesem
physikalischen Vorgang verbunden sind, ehe die Grundbruchlast und die Tragfähigkeit von Fundamenten im allgemeinen
behandelt werden.

In der Aufgabe 5 wurden bereits die Gleichungen abgeleitet, nach denen der aktive und passive Erddruck in nichtbindigen Böden in einer bestimmten Tiefe z ermittelt werden
können. Die nachfolgenden Ableitungen schließen auch den Fall
ein, daß der Boden außer der Reibung auch noch Kohäsion
besitzt.

Wenn die Umhüllende mehrerer Mohrscher Spannungskreise
durch eine Gerade angenähert wird (Abb. 3.3), so lautet die
Gleichung dieser Geraden:

$$s = c + \sigma \, tg\varphi \qquad (kg/cm^2) \qquad (3.1)$$

s = Scherwiderstand des Bodens

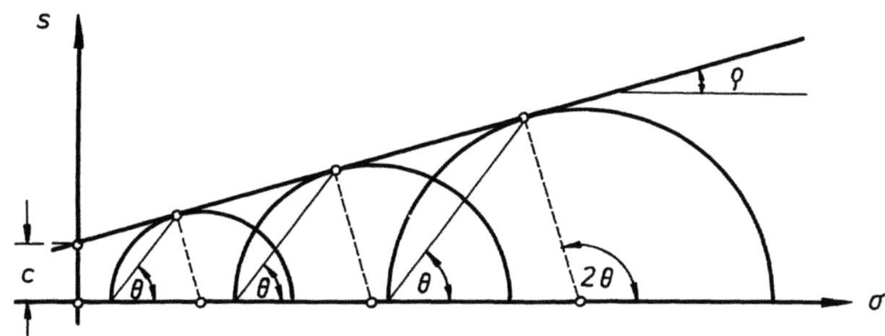

Abb. 3.3   Mohrsche Spannungskreise und Schergerade.

Die Gl. 3.1 wird in der klassischen Erddrucktheorie als Bruchbedingung für Böden mit Reibung und Kohäsion bezeichnet.

Wenn in Abb. 3.1 die Wand in positiver x-Richtung bewegt wird, muß in der Scherebene die Scherspannung τ genauso groß sein wie der Scherwiderstand s in der Gl. (3.1), sonst kann keine Bewegung stattfinden.

Die Spannungen σ und τ auf der Scherebene wurden bereits in der Aufgabe 19 (BÖLLING: Zusammendrückung und Scherfestigkeit von Böden) ermittelt. Es ist:

$$\sigma = \sigma_1 \cdot \cos^2\theta + \sigma_3 \cdot \sin^2\theta \qquad (t/m^2)$$

$$\tau = (\sigma_1 - \sigma_3) \cdot \sin\theta \cdot \cos\theta \qquad (t/m^2)$$

θ = Neigungswinkel der Scherebene zur Ebene der größeren Hauptspannung

Die obigen Gleichungen in die Gl. (3.1) eingesetzt, ergibt:

$$(\sigma_1 - \sigma_3) \cdot \sin\theta \cdot \cos\theta = c + (\sigma_1 \cdot \cos^2\theta + \sigma_3 \cdot \sin^2\theta) \cdot tg\,\varphi \qquad (t/m^2) \qquad (3.2)$$

Nach weiterer Umformung ist:

$$\sigma_1 \cdot \sin\theta \cdot \cos\theta - \sigma_3 \cdot \sin\theta \cdot \cos\theta = c + \sigma_1 \cdot \cos^2\theta \cdot tg\,\varphi + \sigma_3 \cdot \sin^2\theta \cdot tg\,\varphi$$

$$\sigma_1 \cdot \sin\theta \cdot \cos\theta - \sigma_1 \cdot \cos^2\theta \cdot tg\,\varphi = c + \sigma_3 \cdot \sin^2\theta \cdot tg\,\varphi + \sigma_3 \cdot \sin\theta \cdot \cos\theta$$

$$\sigma_1 = \frac{c + \sigma_3 \cdot (\sin^2\theta \cdot tg\,\varphi + \sin\theta \cdot \cos\theta)}{\sin\theta \cdot \cos\theta - \cos^2\theta \cdot tg\,\varphi}$$

Mit der Beziehung $\sin^2\theta = 1 - \cos^2\theta$ erhält man:

$$\sigma_1 = \frac{c + \sigma_3 \cdot (tg\,\varphi - \cos^2\theta \cdot tg\,\varphi + \sin\theta \cdot \cos\theta)}{\sin\theta \cdot \cos\theta - \cos^2\theta \cdot tg\,\varphi}$$

$$\sigma_1 = \sigma_3 \frac{c + \sigma_3 \cdot tg\,\varphi}{\sin\theta \cdot \cos\theta - \cos^2\theta \cdot tg\,\varphi} \qquad (t/m^2) \qquad (3.3)$$

Hält man nun σ_3 konstant, wie es zum Beispiel in jedem einfachen dreiaxialen Druckversuch geschieht, so wird die Gleitfläche mit der Ebene der größeren Hauptspannung den kritischen Winkel θ bilden, wenn σ_1 ein Minimum ergibt, das heißt, die größere Hauptspannung σ_1 kann im Bruchzustand nicht weiter erhöht werden. Nach Gl. (3.3) ist σ_1 ein Minimum, wenn der Ausdruck $\sin\theta \cdot \cos\theta - \cos^2\theta \cdot tg\,\varphi$ ein Maximum ist.

Man erhält:

$$\frac{d}{d\theta} (\sin\theta \cdot \cos\theta - \cos^2\theta \cdot tg\,\varphi) = 0$$

$$\cos^2\theta - \sin^2\theta + 2 \cdot tg\,\varphi \cdot \sin\theta \cdot \cos\theta = 0 \qquad (3.4)$$

und daraus:
$$\theta = 45° + \varphi/2 \qquad (3.5)$$

Die Gl.(3.5) in die Gl. (3.3) eingesetzt, ergibt nach weiterer Umformung:

$$\sigma_3 = \sigma_1 \cdot tg^2(45° - \varphi/2) - 2 \cdot c \cdot tg\,(45° - \varphi/2) \quad (t/m^2) \quad (3.6)$$

oder:
$$\sigma_x = \sigma_z \cdot tg^2(45° - \varphi/2) - 2 \cdot c \cdot tg\,(45° - \varphi/2) \quad (t/m^2) \quad (3.7)$$

Obige Gleichungen geben den aktiven Erddruck auf ein Bodenelement oder auch den aktiven Erddruck auf die Wand in Abb. 3.1, der entsteht, wenn sich die Wand in negativer x-Richtung bewegt.

Hält man σ_1 konstant und erhöht man σ_3 bis zum Bruch, so ist analog:

$$\sigma_x = \sigma_z \cdot tg^2(45° + \varphi/2) + 2 \cdot c \cdot tg\,(45° + \varphi/2) \quad (t/m^2) \quad (3.8)$$

Die Gl. (3.8) gibt den passiven Erddruck auf ein Bodenelement oder auch auf die Wand in der Abb. 3.1, der entsteht,
wenn die Wand in positiver x-Richtung verschoben wird.

Die vertikalen Bodenspannungen aus dem Eigengewicht des
Bodens sind in der Tiefe z:

$$\sigma_z = \gamma \cdot z \qquad (t/m^2) \qquad\qquad (3.9)$$

Die Gl. (3.9) in die Gl. (3.7) und (3.8) eingesetzt,
ergibt:

$$\min p_l = p_a = \gamma \cdot z \cdot tg^2(45° - \varphi/2) - 2 \cdot c \cdot tg\,(45° - \varphi/2) \quad (t/m^2) \quad (3.10)$$

$$\max p_l = p_p = \gamma \cdot z \cdot tg^2(45° + \varphi/2) + 2 \cdot c \cdot tg\,(45° + \varphi/2) \quad (t/m^2) \quad (3.11)$$

$\max p_l$ = maximale seitliche Bodenspannung in kg/cm^2
oder t/m^2

$\min p_l$ = minimale seitliche Bodenspannung in kg/cm^2
oder t/m^2

p_a = Rankinescher aktiver Erddruck

p_p = Rankinescher passiver Erddruck

Die verschiedenen Erddruckstadien werden nach RANKINE
(1857) aktiver und passiver Rankinescher Erddruck genannt.

Außerdem bezeichnet man:

$$\lambda_a = tg^2(45° - \varphi/2) \quad = \text{aktiver Erddruckbeiwert} \qquad (3.12)$$

$$\lambda_p = tg^2(45° + \varphi/2) \quad = \text{passiver Erddruckbeiwert} \qquad (3.13)$$

Mit den Gl. (3.10) und (3.11) können die gesuchten Erddrücke auf die Wand und die daraus resultierenden Kräfte
bestimmt werden.

Lösung

Wenn die Wand in negativer x-Richtung verschoben wird,
ergibt sich der Zustand des aktiven Rankineschen Erddrucks
p_a nach der Gl. (3.10). Aus dem ersten Glied der rechten

Seite erhält man für die Tiefe z = 10 m (Abb. 3.4):

$$+ 1{,}92 \cdot 10{,}0 \cdot tg^2(45° - 11°) = + 8{,}74 \ t/m^2$$

Aus dem zweiten Glied der rechten Seite erhält man:

$$- 2 \cdot 1{,}0 \cdot tg \ (45° - 11°) = - 1{,}35 \ t/m^2$$

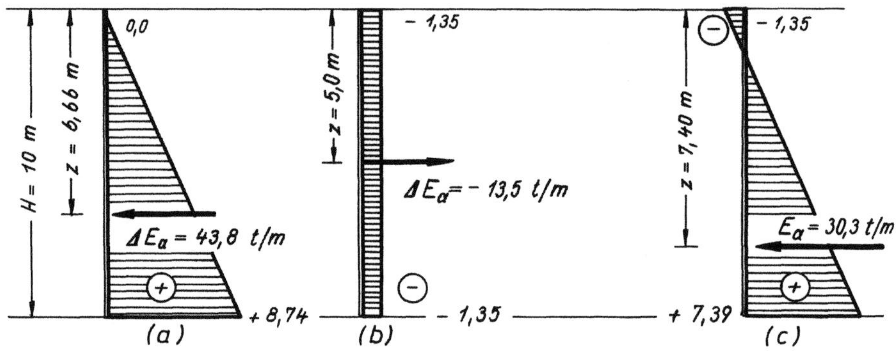

Abb. 3.4   Aktiver Erddruck auf eine starre, glatte Wand:
     (a)   aus $\gamma \cdot z \cdot tg^2(45° - \varphi/2)$
     (b)   aus $2 \cdot c \cdot tg \ (45° - \varphi/2)$
     (c)   aktiver Erddruck p_a

Die resultierende Kraft je 1 lfd. m aus der Spannungs-
verteilung in Abb. 3.4a ist:

$$\Delta E_a = \frac{8{,}74 \cdot 10{,}0}{2} = 43{,}8 \ t/m$$

Die resultierende Kraft je 1 lfd. m aus der Spannungs-
verteilung in Abb. 3.4b ist:

$$\Delta E_a = - 1{,}35 \cdot 10{,}0 = -13{,}5 \ t/m$$

Die gesamte resultierende Kraft ist:

$$E_a = 43{,}8 - 13{,}5 = 30{,}3 \ t/m$$

Aus der Betrachtung der Momente dieser Kräfte um den
Punkt z = 0 ergibt sich die Tiefe z, in der E_a angreift:

$$z = \frac{43{,}8 \cdot 6{,}66 - 13{,}5 \cdot 5{,}0}{30{,}3} = \frac{224{,}2}{30{,}3} = 7{,}40 \ m$$

Wenn die Wand in positiver x-Richtung verschoben wird,

ergibt sich der Zustand des Rankineschen passiven Erddrucks
p_p nach Gl. (3.11). Aus dem ersten Glied der rechten Seite
erhält man für die Tiefe z = 10 m (Abb. 3.5):

$$+ \ 1,92 \cdot 10,0 \cdot tg^2(45° + 11°) = 42,22 \ \ t/m^2$$

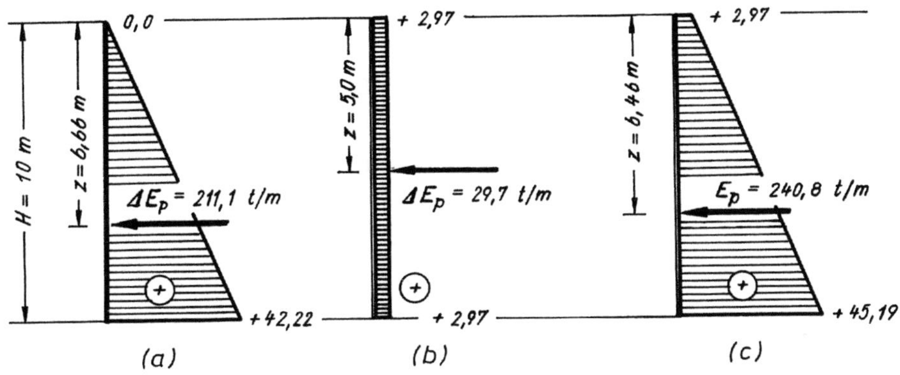

Abb. 3.5   Passiver Erddruck auf eine starre, glatte Wand:
  (a)   aus $\gamma \cdot z \cdot tg^2(45° + \varphi/2)$
  (b)   aus $2 \cdot c \cdot tg \ (45° + \varphi/2)$
  (c)   passiver Erddruck p_p

Aus dem zweiten Glied der rechten Seite erhält man:

$$+ \ 2 \cdot 1,0 \cdot tg \ (45° + 11°) \ = \ 2,97 \ \ t/m^2$$

Die resultierende Kraft je 1 lfd. m aus der Spannungs-
verteilung in Abb. 3.5a ist:

$$\Delta E_p \ = \ \frac{42,22 \cdot 10,0}{2} \ = \ 211,10 \ \ t/m$$

Die resultierende Kraft je 1 lfd. m aus der Spannungs-
verteilung in Abb. 3.5b ist:

$$\Delta E_p = \ 2,97 \cdot 10,0 \ = \ 29,7 \ \ t/m$$

Die gesamte resultierende Kraft ist:

$$E_p \ = \ 211,10 + 29,7 \ = \ 240,8 \ \ t/m$$

E_p greift in folgender Tiefe z an:

$$z \ = \ \frac{211,10 \cdot 6,66 + 29,7 \cdot 5,0}{240,8} \ = \ 6,46 \ m$$

Ergebnisse

Die resultierende Kraft aus dem passiven Erddruck ist annähernd 8 mal so groß wie die resultierende Kraft aus dem aktiven Erddruck.

Das Verhältnis σ_3/σ_1 in der Tiefe z = 10 m ist im Zustand des aktiven Erddrucks:

$$\frac{\sigma_3}{\sigma_1} = \frac{7,39}{19,20} = 0,39$$

und im Zustand des passiven Erddrucks:

$$\frac{\sigma_3}{\sigma_1} = \frac{45,19}{19,20} = 2,35$$

Für nichtbindige Böden mit einem mittleren Reibungswinkel von $\varrho \cong 36°$ beträgt dieses Verhältnis im Mittel:

Im Zustand des aktiven Erddrucks $\sigma_3/\sigma_1 \cong tg^2 27° \cong 1/4$

Im Zustand des passiven Erddrucks $\sigma_3/\sigma_1 \cong tg^2 63° \cong 4$

Wenn die Reibungswinkel kleiner werden und der Boden außerdem noch Kohäsion besitzt, nimmt das Verhältnis σ_3/σ_1 im Zustand des aktiven Erddrucks zu und im Zustand des passiven Erddrucks ab.

Die resultierende Kraft aus dem aktiven Erddruck E_a greift tiefer an als die resultierende Kraft aus dem passiven Erddruck E_p.

Aufgabe 16 Tragfähigkeit eines flachgegründeten Streifenfundamentes unter mittiger vertikaler Belastung

Abb. 3.6 zeigt ein Streifenfundament, das in geringer Tiefe gegründet ist. Der vorhandene sandige Lehm hat im natürlichen Zustand ein Raumgewicht von γ = 1,79 t/m^3. Die Proctordichte beträgt γ_p = 1,87 t/m^3.

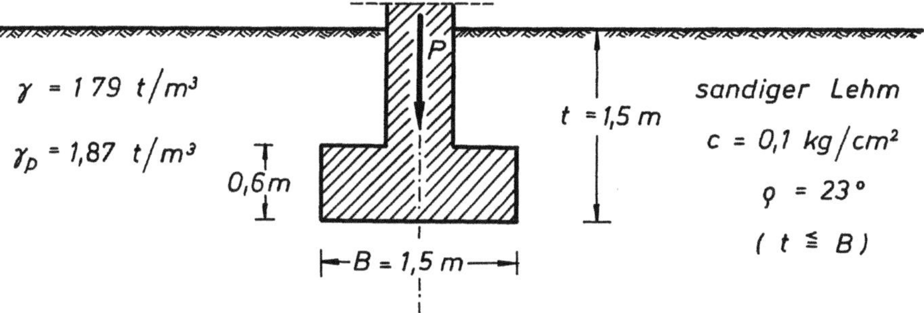

Abb. 3.6 Streifenfundament in geringer Gründungstiefe.

Wie groß ist die zulässige Bodenpressung:

a)   im Falle lokalen Scherbruches für den unverdichte-
     ten Boden und

b)   für den optimal verdichteten Boden?

Grundlagen

Das Problem der Tragfähigkeit von Flachfundamenten ist
von vielen Forschern in der Vergangenheit behandelt worden
(RANKINE 1857, PRANDTL 1920, TERZAGHI 1943, SCHULTZE 1948,
KEZDI 1961) und ist auch weiterhin Gegenstand intensiver
Forschungsarbeit, die eine von den Erkenntnissen der Festig-
keitslehre sowie der Elastizitäts- und Plastizitätstheorie
ausgehende theoretisch exakte Lösung erwarten läßt.

Unter den vielen vorliegenden näherungsweisen Lösungen
dieses Problems haben die Untersuchungen von TERZAGHI (1943)
allgemeine Verbreitung gefunden. TERZAGHI geht von der Annahme aus, daß die Kurvenstücke AC, CB und ED (Abb. 3.2)
Gerade und das Kurvenstück CE Teil einer logarithmischen
Spirale sind. Der Einfluß des Gewichtes des Grundbruchkörpers auf die Form der Gleitfläche wird vernachlässigt, und
es wird im Gegensatz zu Abb. 3.2 angenommen, daß in der
Sohlfuge hinreichend hohe Reibung auftritt, so daß keine
Scherverformung entlang der Sohlfuge entstehen kann. Die
Grundbruchfigur für diesen Zustand ist in Abb. 3.7 darge-
stellt. TERZAGHI hat angenommen, daß die Linie a-b mit der
Horizontalen den Winkel φ bildet. Im Punkt b verläuft die
logarithmische Spirale vertikal, denn die Scherflächen

schneiden sich (a-b ist ebenfalls eine Scherfläche) unter
Winkeln von 90° - φ .

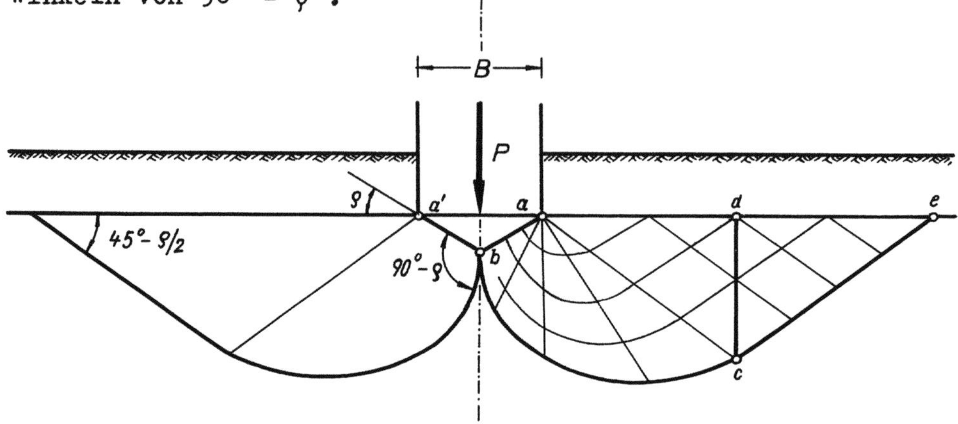

Abb. 3.7   Ermittlung der Tragfähigkeit eines Streifen-
fundamentes nach TERZAGHI (1943).

Der Verlauf der logarithmischen Spirale wird durch die
Gl. (3.14) (Abb. 3.8) wiedergegeben:

$$r = r_0 \cdot e^{\theta \cdot tg\varphi} \tag{3.14}$$

r = Abstand OP
r_0 = Abstand ON   (r_0 kann beliebig angenommen werden.)
θ = Winkel zwischen ON und OP
φ = Reibungswinkel

Für jeden Punkt P der logarithmischen Spirale bildet der
Radius OP mit der zugehörigen Normalen den Winkel φ .

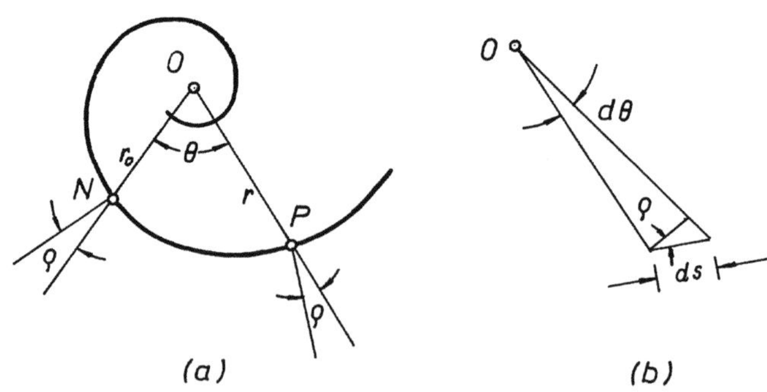

Abb. 3.8   Eigenschaften der logarithmischen Spirale.

Die Tragfähigkeit des Fundamentes läßt sich nunmehr
näherungsweise aus einer Gleichgewichtsbetrachtung der Bo-
denmasse abcd (Abb. 3.7) gewinnen.

Im Augenblick des Grundbruchs muß die Last P gerade so
groß sein, daß der Scherwiderstand in der Gleitfläche über-
wunden wird. Die Einflüsse aus der Reibung und der Kohäsion
können getrennt betrachtet werden. Abb. 3.9 zeigt die an
der Masse abcd angreifenden Kräfte aus der Reibung, ohne
Berücksichtigung der Kohäsion.

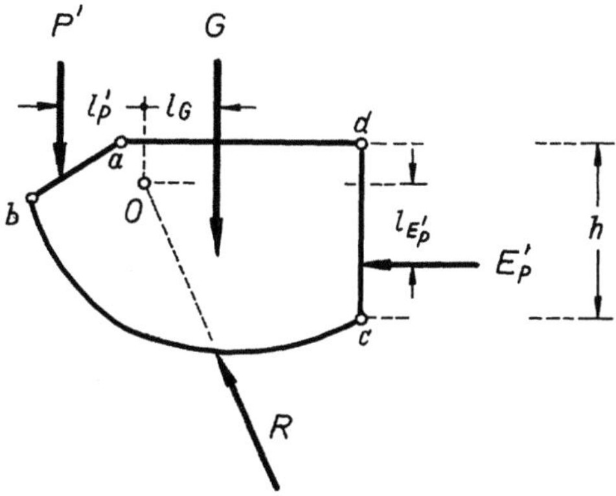

Abb. 3.9   Einfluß der Reibung auf die Tragfähigkeit
           eines Flachfundamentes.

Der passive Erddruck ist:

$$E'_P = \frac{1}{2} \cdot h^2 \cdot \gamma \cdot tg^2(45° + \varphi/2)\qquad\qquad(3.15)$$

E'_P greift in einer Tiefe von 2/3 h unterhalb des Punktes
d an. Das Gewicht des Grundbruchkörpers abcd ist gleich G
und greift im Schwerpunkt dieses Körpers an. Die Resultierende aller Reibungskräfte auf der Gleitfläche bc muß
nach den Gesetzmäßigkeiten der logarithmischen Spirale
durch den O-Punkt der Spirale gehen. Die gleichgewichts-
haltende Kraft auf der Fläche a-b ist P' und greift im
unteren Drittelpunkt an. Aus der Betrachtung der Momente
dieser Kräfte um den O-Punkt erhält man:

$$M_0 = E'_P \cdot l_{E'_P} + G \cdot l_G - P' \cdot l_{P'} = 0$$

$$P' = \frac{1}{l'_P} \cdot (E'_P \cdot l_{E'_P} + G \cdot l_G) \quad (t/m)\qquad\qquad(3.16)$$

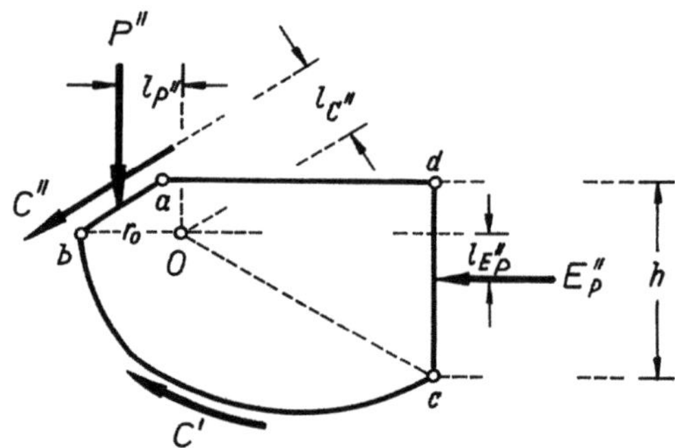

Abb. 3.10   Einfluß der Kohäsion auf die Tragfähigkeit
eines Flachfundamentes.

Abb. 3.10 zeigt die an der Masse abcd angreifenden Kräfte aus der Kohäsion. Der passive Erddruck ist:

$$E_p'' = 2 \cdot c \cdot h \cdot tg \, (45° + \vartheta/2) \quad (t/m) \qquad (3.17)$$

E_p'' greift in einer Tiefe von 1/2 h unterhalb des Punktes d an. Das Moment aller partiellen Kohäsionskräfte in der Scherfläche bc ist in bezug auf den O-Punkt und mit den Bezeichnungen in Abb. 3.8b:

$$M_c = \int_0^\varphi dM_c \qquad (3.18)$$

$$dM_c = c \cdot ds \cdot \cos\varphi \cdot r = r \cdot c \cdot \frac{r \cdot d\theta}{\cos\theta} \cdot \cos\varphi = c \cdot r^2 \cdot d\theta$$

Außerdem ist:

$$C'' = \overline{ab} \cdot c \qquad (t/m) \qquad (3.19)$$

P'' greift im Mittelpunkt der Fläche a–b an. Die Summe aller Momente um den O-Punkt ist:

$$\sum M_0 = E_p'' \cdot l_{E_p''} + M_c - C'' \cdot l_{C''} - P'' \cdot l_{P''} = 0$$

oder:

$$P'' = \frac{1}{l_{P''}} \, (E_p'' \cdot l_{E_p''} + M_c - C'' \cdot l_{C''}) \quad (t/m) \qquad (3.20)$$

Die Grenztragfähigkeit P erhält man aus der Summe der vertikalen Kräfte, die auf die Flächen a–b und a'–b wirken.

Es ist:

$$P = 2\cdot(P'+P'') + 2\cdot C''\cdot\sin\varphi - \left(\frac{\gamma\cdot B^2}{2}\right)\cdot tg\,\varphi \quad (t/m) \quad (3.21)$$

Die Untersuchung erstreckt sich auf eine der vielen möglichen Grundbruchfiguren. Um die kritische Grundbruchfigur
zu finden, müssen weitere Berechnungen mit anderen logarithmischen Spiralen durchgeführt werden. Die Grundbruchfigur,
für die P ein Minimum wird, ist als kritische Grundbruchfigur anzusehen.

Wie auch bei der Untersuchung der Standsicherheit von
Böschungen, sind für die Untersuchung der Tragfähigkeit von
Fundamenten zeitraubende Versuche und wiederholte Berechnungen erforderlich. TERZAGHI hat zur Verminderung dieses
Aufwandes die Gl. (3.21) vereinfacht, indem er kritische
Tragfähigkeitsbeiwerte N (Abb. 3.15) eingeführt hat. Diese
Tragfähigkeitsbeiwerte sind nur vom Reibungswinkel φ abhängig. Damit ergibt sich die Gl. (3.21) in der Form:

$$P_{max} = \frac{1}{2}\cdot B\cdot\gamma\cdot N_f + c\cdot N_c + \gamma\cdot t\cdot N_q \quad (t/m^2) \quad (3.22)$$

N_f = Tragfähigkeitsbeiwert für die Reibung
N_c = Tragfähigkeitsbeiwert für die Kohäsion
N_q = Tragfähigkeitsbeiwert für die Bodenauflast

Die in Deutschland verwendeten Grundbruchgleichungen
sind ähnlich aufgebaut (DIN 4017 und DIN 4018) und enthalten darüber hinaus auch Beiwerte zur Berücksichtigung der
Fundamentform und der Neigung der angreifenden Kraft.

Nach TERZAGHI ist der vollständige Bruch nur bei dichten
und steifen Böden zu erwarten. In lockeren Böden bilden
sich oft keine scharfbegrenzten Grundbruchfiguren aus.
Dieser Zustand wird nach TERZAGHI auch lokaler Scherbruch
genannt. TERZAGHI empfiehlt in diesen Fällen, die Kohäsion
und den Reibungsbeiwert mit 2/3 zu multiplizieren und mit
diesen abgeminderten Werten zu rechnen. Die Tragfähigkeitsbeiwerte für den lokalen Scherbruch werden mit N_f', N_c' und
N_q' bezeichnet und können der Abb. 3.16 entnommen werden.

<u>Lösung</u>

Im Falle lokalen Scherbruches, der voraussichtlich bei dem unverdichteten Boden eintritt, entnimmt man der Abb. 3.16 für $\varrho = 23^0$:

$$\frac{1}{2}\cdot N_\gamma' = 2$$
$$N_c' = 13$$
$$N_q' = 5$$

Nach Gl. (3.22) ist die Grenztragfähigkeit oder maximale Bodenpressung:

$$P_{max} = 1{,}50\cdot1{,}79\cdot2 + 1{,}0\cdot13 + 1{,}79\cdot1{,}50\cdot5$$

$$P_{max} = 5{,}37 + 13{,}0 + 13{,}44 = 31{,}8 \ t/m^2$$

Bei einem Sicherheitsfaktor von $\eta = 2$ ist die zulässige Tragfähigkeit:

$$P_{zul} = \frac{31{,}8}{2} \cong 15 \ t/m^2 \cong 1{,}5 \ kg/cm^2$$

Für den verdichteten Boden ist nach Abb. 3.15 mit $\varrho = 23^0$:

$$\frac{1}{2}\cdot N_\gamma = 4$$
$$N_c = 22$$
$$N_q = 12$$

Nach Gl. (3.22) ist die Grenztragfähigkeit:

$$P_{zul} = 1{,}50\cdot1{,}87\cdot4 + 1{,}0\cdot22 + 1{,}87\cdot1{,}5\cdot12$$

$$P_{zul} = 11{,}22 + 22{,}0 + 33{,}66 = 66{,}9 \ t/m^2$$

Bei einem Sicherheitsfaktor von $\eta = 2$ ist die zulässige Tragfähigkeit:

$$P_{zul} = \frac{66{,}9}{2} \cong 30 \ t/m^2 \cong 3{,}0 \ kg/cm^2$$

<u>Ergebnisse</u>

Durch die optimale Verdichtung des Bodens kann die zulässige Tragfähigkeit theoretisch verdoppelt werden. Ir vielen Fällen wird man allerdings wegen der zahlreichen

Unsicherheiten für verdichtete Böden einen Sicherheitsfaktor von $\eta = 3$ wählen. Die zulässige Bodenpressung wäre dann $p_{zul} \cong 2,0$ kg/cm^2. Dieser Wert deckt sich annähernd auch mit dem Richtwert, der für den hier behandelten Gründungsfall der DIN 1054 (Tab. 3.1 und 3.2) entnommen werden kann.

Schneidet die Gleitfläche in den Grundwasserspiegel ein, so kann man die zulässige Bodenpressung für das Raumgewicht des Bodens über dem Wasserspiegel und für den Boden unter Wasser getrennt voneinander ermitteln. Die endgültige Bodenpressung läßt sich dann durch lineare Interpolation abschätzen.

Die hier gegebenen Formeln und Beiwerte gestatten auch die näherungsweise Berechnung der erforderlichen Gründungsbreite, wenn die Last P gegeben ist. Nach Umformung der Gl. (3.22) erhält man:

$$B = \sqrt{a \cdot P + b^2} - b \quad (m) \tag{3.23}$$

$$a = \frac{2}{\gamma \cdot N_t} \text{ in m}^3/\text{t}$$

$$b = \frac{c \cdot N_c + \gamma \cdot t \cdot N_q}{\gamma \cdot N_t} \text{ in m}$$

P = Belastung in t/m

Aufgabe 17 Tragfähigkeit eines rechteckigen Fundamentes unter mittiger lotrechter Belastung

Abb. 3.11 zeigt ein rechteckiges Fundament unter mittiger lotrechter Belastung.

Wie groß ist die zulässige Bodenpressung, wenn das Fundament im ersten Falle in 1 m Tiefe und im zweiten Falle in 3 m Tiefe gegründet ist?

Welche Bodenpressung kann nach der DIN 1054 zugelassen werden, wenn der vorhandene Boden als halbfest bezeichnet werden kann?

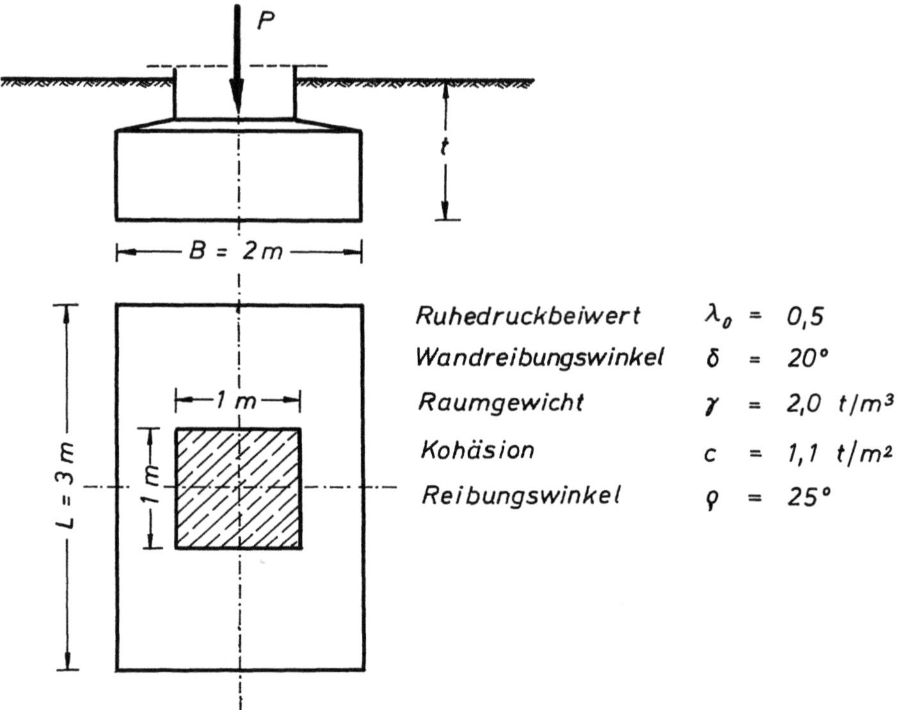

$\lambda_0 = 0,5$

$\delta = 20°$

$\gamma = 2,0 \ t/m^3$

$c = 1,1 \ t/m^2$

$\varphi = 25°$

Abb. 3.11　Rechteckiges Fundament unter mittiger lotrechter Belastung.

Grundlagen

Wie die vorangegangenen Beispiele zeigen, ist schon die Berechnung der Tragfähigkeit von Streifenfundamenten nur mit zahlreichen Vereinfachungen möglich. Viel schwieriger noch gestaltet sich die Berechnung der Tragfähigkeit von rechteckigen und kreisförmigen Fundamenten, daher werden zur Lösung derartiger Aufgaben in der Bodenmechanik fast immer empirisch gewonnene Formeln und Näherungslösungen verwendet.

TERZAGHI (1943) hat für die Berechnung rechteckiger Fundamente folgende Näherungslösung angegeben:

$$P_{max} = 0,4 \cdot \gamma \cdot B \cdot N_\gamma + 1,3 \cdot c \cdot N_c + \gamma \cdot t \cdot N_q \quad (t/m^2) \quad (3.24)$$

Die Tragfähigkeitsbeiwerte N_γ , N_c und N_q können wieder den Abb. 3.15 und 3.16 entnommen werden. Für die Gründungs-

tiefe muß die Bedingung $t \gtreqless B$ eingehalten werden. Bei Böden,
die keine Reibung besitzen ($\varphi = 0$), empfiehlt SKEMPTON die
Einführung der Teiltragfähigkeit:

$$q_f = c \cdot N_{cl} \tag{3.25}$$

Die Teiltragfähigkeit nach Gl. (3.25) wird als zweites
Glied in der Gl. (3.24) verwendet.

In der Gl. (3.25) ist:

$$N_{cl} = 5 \cdot \left(1 + \frac{B}{5 \cdot L}\right) \cdot \left(1 + \frac{t}{5 \cdot B}\right) \tag{3.26}$$

B = Breite des Fundamentes
L = Länge des Fundamentes
t = Gründungstiefe $\gtreqless$ 2,5 B

Wenn die Gründungstiefe $t \gtreqless B$ ist, gibt TERZAGHI (1948)
die Näherungslösung:

$$P_{max} = B^2(0,4 \cdot \gamma \cdot B \cdot N_f + 1,3 \cdot c \cdot N_c + \gamma \cdot t \cdot N_q) + 4 \cdot B \cdot tg\delta \cdot \sigma_a \cdot t \cdot N_q \quad (t) \tag{3.27}$$

In der Gl. (3.27) ist:

$$\sigma_a = \frac{1}{2} \cdot \lambda_0 \cdot \gamma \cdot t \qquad (t/m^2)$$

Wenn, wie in diesem Beispiel, Teile der Stütze einer
Wandreibung ausgesetzt sind, so wird man aus Gründen der
Sicherheit im letzten Ausdruck der Gl. (3.27) für B die
Breite der Stütze einsetzen, es sei denn, daß der überwie-
gende Teil der Wandreibung auf das Fundament mit der grö-
ßeren Breite entfällt.

Weitere Formeln und Tabellen gibt auch MEYERHOF (1951).
Die Berechnungen lassen sich jedoch in allen Fällen mit
hinreichender Genauigkeit und sehr schnell nach den hier
angegebenen Formeln von TERZAGHI durchführen.

In Deutschland müssen bei der Berechnung der Tragfähigkeit von Flachgründungen die Richtlinien der DIN 4017 und
DIN 4018 berücksichtigt werden.

Lösung

Bei einer Gründungstiefe von t = 1 m ist mit:

$$N_f = 4, \qquad N_c = 17, \qquad N_q = 8$$

und nach der Gl. (3.24):

$$p_{max} = 0{,}4 \cdot 2{,}0 \cdot 2{,}0 \cdot 4 + 1{,}3 \cdot 1{,}1 \cdot 17 + 2{,}0 \cdot 1{,}0 \cdot 8$$

$$p_{max} = 6{,}40 + 24{,}31 + 16{,}0 = 46{,}7 \quad t/m^2$$

Bei zweifacher Sicherheit ist die zulässige Bodenpressung:

$$p_{zul} = \frac{46{,}7}{2} \cong 23 \; t/m^2 \cong 2{,}3 \; kg/cm^2$$

Bei einer Gründungstiefe von t = 3 m ist mit:

$$N_f = 4, \qquad N_c = 17, \qquad N_q = 8$$

und nach der Gl. (3.27):

$$\sigma_a = 0{,}5 \cdot 0{,}5 \cdot 2{,}0 \cdot 3{,}0 = 1{,}5 \; t/m^2$$

$$P_{max} = 2{,}0^2 \cdot (6{,}4 + 24{,}31 + 16{,}0) + 4 \cdot 1{,}0 \cdot 0{,}364 \cdot 1{,}5 \cdot 3{,}0 \cdot 8$$

$$P_{max} = 4 \cdot 46{,}71 + 52{,}42 = 186{,}84 + 52{,}42 = 239{,}26 \; t$$

$$p_{max} = \frac{239{,}26}{2{,}0 \cdot 3{,}0} = 39{,}9 \; t/m^2$$

Bei zweifacher Sicherheit ist die zulässige Bodenpressung:

$$p_{zul} = \frac{39{,}9}{2} \cong 20 \; t/m^2 \cong 2{,}0 \; kg/cm^2$$

Nach der DIN 1054 (Tab. 3.1) beträgt die zulässige Bodenpressung ebenfalls $p_{zul} = 2{,}0 \; kg/cm^2$.

Aufgabe 18 Tragfähigkeit eines rechteckigen Fundamentes unter ausmittiger schräger Belastung

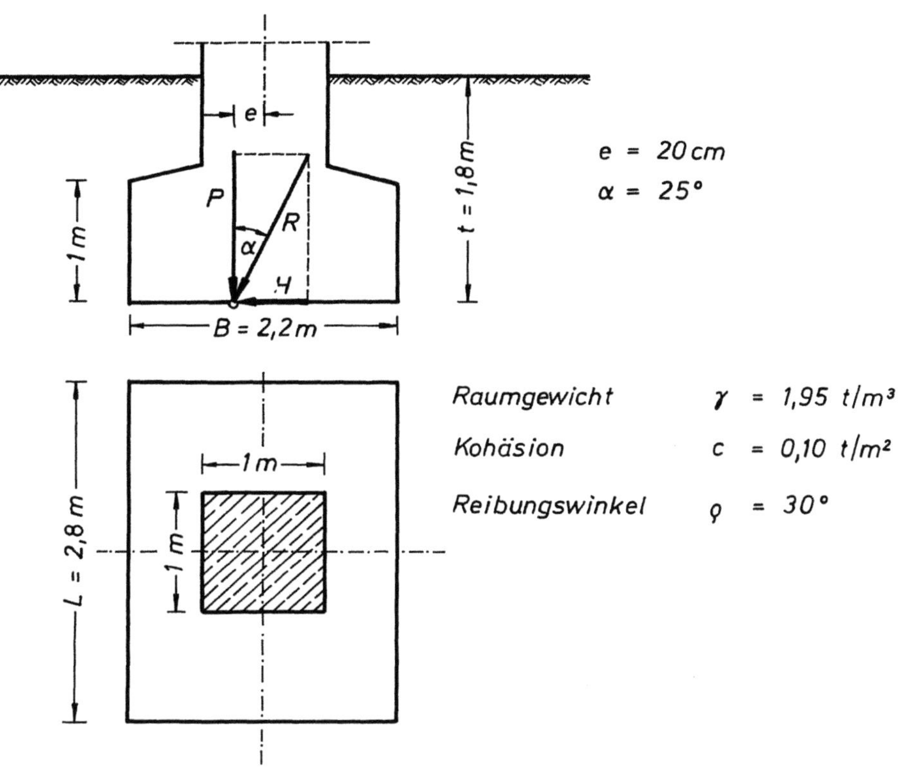

Abb. 3.12   Rechteckiges Fundament unter ausmittiger schräger Belastung.

Abb. 3.12 zeigt ein rechteckiges Fundament unter ausmittiger schräger Belastung.

Wie groß ist bei den gegebenen Abmessungen und Bodenkennziffern die zulässige Bodenpressung?

Grundlagen

Unter den vielen Arbeiten, die die Tragfähigkeit ausmittig schräg belasteter Fundamente behandeln, sind die Formeln und Diagramme von MEYERHOF (1953) besonders praktisch und leicht anwendbar. MEYERHOF empfiehlt, die Ausmittigkeit einer Belastung dadurch zu berücksichtigen, daß man die gepreßte Sohlfläche entsprechend dem in Abb. 3.13 darge-

stellten Verfahren reduziert. Die reduzierte Breite des
Fundamentes ist dann:

$$B' = B - 2e \qquad (m) \qquad\qquad (3.28)$$

Wenn die Belastung außerdem noch schräg angreift, so
kann die Tragfähigkeit annähernd mit der Gl. (3.29) ermittelt werden:

$$p_{max} = c \cdot N_{qi} + \frac{1}{2} \cdot \gamma \cdot B \cdot N_{\gamma i} \quad (t/m^2) \qquad\qquad (3.29)$$

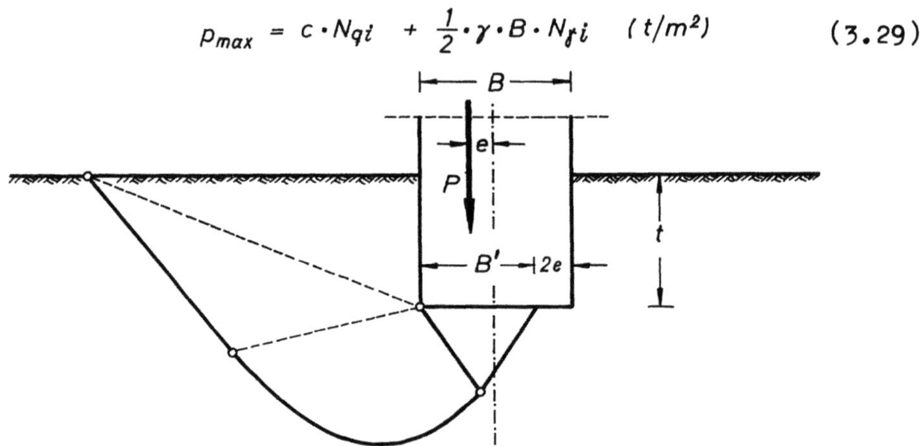

Abb. 3.13   Reduzierte Sohlpressung unter ausmittig
belasteten Fundamenten.

Die Tragfähigkeitsbeiwerte N_{qi} und $N_{\gamma i}$ können für verschiedene Verhältnisse t/B und Neigungswinkel α den Abb.
3.17 und 3.18 entnommen werden.

An der exakten Lösung des Grundbruchproblems unter ausmittiger schräger Belastung wird in vielen namhaften Instituten und Universitäten intensiv gearbeitet. Solange endgültige theoretische Lösungen jedoch nicht vorliegen, ist
eine der bekannten Näherungslösungen anzuwenden. Die hier
behandelte Näherungslösung von MEYERHOF hat sich in diesem
Zusammenhang wegen ihrer Einfachheit gut bewährt und wird
deshalb für viele praktische Aufgaben vorzugsweise verwendet.

Lösung

Bei einer Ausmittigkeit von e = 20 cm ist die reduzierte
Fundamentbreite nach Gl. (3.28):

$$B' = 2{,}20 - 2 \cdot 0{,}20 = 1{,}80 \ m$$

Damit ist die zulässige Bodenpressung nach Gl. (3.29):

$$p_{max} = 0{,}10 \cdot 3 + 0{,}5 \cdot 1{,}95 \cdot 1{,}80 \cdot 10$$

$$p_{max} = 0{,}30 + 17{,}5 = 17{,}8 \ t/m^2$$

$$N_{qi} \cong 3 \ , \quad N_{\gamma i} \cong 10$$

$$t/B = 0{,}82$$

Bei zweifacher Sicherheit ist:

$$p_{zul} = \frac{17{,}8}{2} \cong 8{,}9 \ t/m^2 \cong 0{,}9 \ kg/cm^2$$

Aufgabe 19 Tragfähigkeit eines kreisförmigen Fundamentes unter mittiger vertikaler Belastung

Wie groß ist die zulässige Bodenpressung für das Fundament der Abb. 3.14?

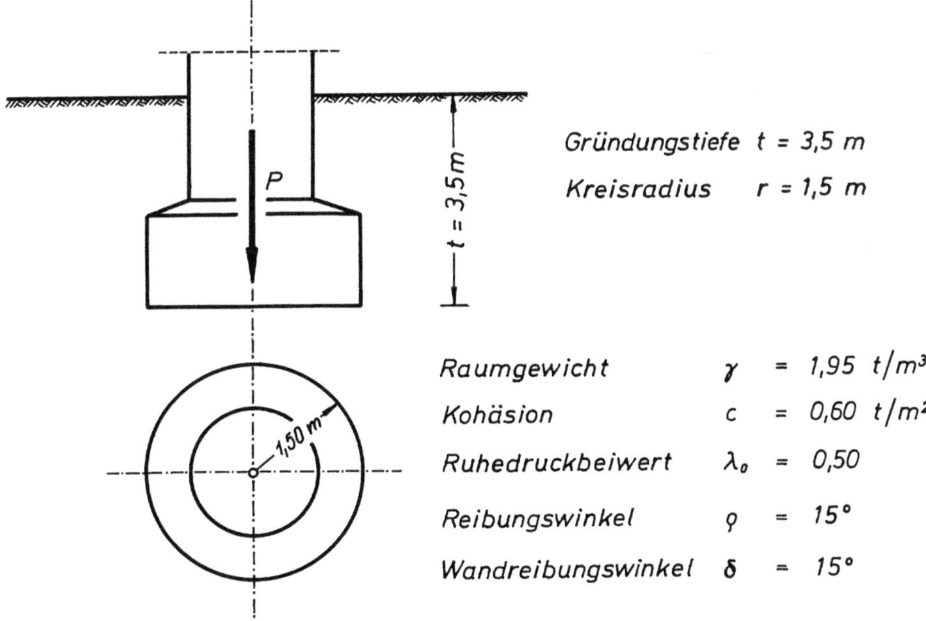

Abb. 3.14 Kreisförmiges Fundament unter mittiger
vertikaler Belastung.

Grundlagen

Für kreisförmige Fundamente gibt TERZAGHI (1943) folgende Näherungslösung:

$$P_{max}= r^2\cdot\pi\cdot(0,6\cdot\gamma\cdot r\cdot N_\gamma + 1,3\cdot c\cdot N_c + \gamma\cdot t\cdot N_q) + 2\pi\cdot tg\,\delta\cdot\sigma_a\cdot r\cdot t \quad (t) \qquad (3.30)$$

$$\sigma_a = \frac{1}{2}\cdot\lambda_0\cdot\gamma\cdot t \quad (t/m^2)$$

Die Tragfähigkeitsbeiwerte können den Abb. 3.15 und 3.16 entnommen werden.

Lösung

Mit Gl. (3.30) und den Tragfähigkeitsbeiwerten:
$$N_\gamma = 2, \qquad N_c = 13, \qquad N_q = 5$$

$$\sigma_a = 0,5\cdot 0,5 \cdot 1,95 \cdot 3,5 = 1,71 \quad t/m^2$$

$$P_{max} = 1,5^2\cdot 3,14 \cdot (0,6 \cdot 1,95 \cdot 1,5 \cdot 2 + 1,3 \cdot 0,6\cdot 13 + 1,95 \cdot 3,5 \cdot 5) +$$

$$+ 2\cdot 3,14 \cdot 0,268 \cdot 1,71 \cdot 1,5 \cdot 3,5$$

$$P_{max} = 7,06\cdot (3,51 + 10,14 + 34,13) + 15,09$$

$$= 7,06 \cdot 47,78 + 15,09 = 337,33 + 15,09 \cong 352,42 \quad t$$

Bei zweifacher Sicherheit ist die zulässige Bodenpressung:

$$P_{max} = \frac{352,42}{1,5^2\cdot 3,14} = 49,9 \quad t/m^2$$

$$P_{zul} = \frac{49,9}{2} \cong 25 \ t/m^2 \cong 2,5 \ kg/cm^2$$

3.2 Berechnungstafeln und Zahlenwerte

Tabelle 3.1 Zulässige Bodenpressungen in einfachen
Fällen (nach DIN 1054).

	Bodenart	p_{zul}
		kg/cm²
a	**Angeschütteter,** nicht künstlich verdichteter Boden, je nach Alter der Schüttung und unter der Voraussetzung, daß die gewachsene Gründungsschicht größere Festigkeit hat..................	0 – 1
b	**Gewachsener, offensichtlich unberührter Boden**	
b1	Schlamm, Torf, Moorerde: im allgemeinen...	0
b2	**Nichtbindige,** ausreichend festgelagerte Böden[1]............................	Tab.3.2
b3	**Bindige Böden**[3]	
b31	breiig....................................	0
b32	weich.....................................	0,4
b33	steif.....................................	1,0
b34	halbfest..................................	2,0
b35	hart......................................	4,0
b4	**Fels** mit geringer Klüftung in gesundem, unverwittertem Zustand und in günstiger Lagerung.(Bei stärkerer Zerklüftung oder ungünstiger Lagerung sind die nachstehenden Werte um die Hälfte zu ermäßigen.)	
b41	in geschlossener Schichtfolge.........	15
b42	in massiger oder säuliger Ausbildung..	30

Tabelle 3.2 Zulässige Bodenpressungen in kg/cm^2
für nichtbindige Böden (Bodenart b2, Tab.3.1).

Gründungstiefe unter Gelände	Fein-bis Mittelsand^2				Grobsand bis Kies^2			
	bei kleinster Gründungstiefe in m von:							
	0,4	1,0	5,0	10,0	0,4	1,0	5,0	10,0
bis 0,5 m	1,5	2,0	2,5	3,0	2,0	3,0	4,0	5,0
1,0 m	2,0	3,0	4,0	5,0	2,5	3,5	5,0	6,0
2,0 m	2,5	3,5	5,0	6,0	3,0	4,5	6,0	8,0

Erläuterungen zu den Tab. 3.1 und 3.2:

Wenn bei Flächengründungen die Bodenschichten gleichmäßig tragfähig und annähernd waagerecht sind, wenn ferner
keine ungünstigen Erfahrungen an benachbarten Bauwerken
vorliegen und die Spannungsfläche geradlinig begrenzt angenommen wird, dürfen die in den Tab. 3.1 und 3.2 angegebenen
Bodenpressungen zugelassen werden.

[1] Ob der Boden ausreichend fest gelagert ist, kann nach
örtlichen Erfahrungen oder durch Feststellung der Lagerungsdichte ermittelt werden. Es muß sein: $D \geqq 0,5$.

[2] Die Körnungen sind in der DIN 1179: "Körnungen für
Sand, Kies und zerkleinerte Stoffe", angegeben. Enthalten
Sand und Kies so viel tonige Bestandteile, daß die Zustandsformen bindigen Bodens (Fußnote 3) erreicht werden, so gelten für sie die Werte unter b3. Enthalten sie humose Beimengungen, so ist die zulässige Bodenpressung je nach dem
Grade der Beimengungen zu ermäßigen.

[3] Die Zustandsform eines bindigen Bodens ist durch die
Lage seines natürlichen Wassergehaltes zu dem Wassergehalt
der Schrumpf-, Ausroll- und Fließgrenze gekennzeichnet,
wobei der natürliche Wassergehalt an ungestörten und vor
dem Verdunsten geschützten Bodenproben bestimmt wird.

Behelfsregeln

<u>Breiig</u> ist ein Boden, der, in der geballten Faust gepreßt, zwischen den Fingern hindurchquillt.

<u>Weich</u> ist ein Boden, der sich leicht kneten läßt.

<u>Steif</u> ist ein Boden, der nur schwer knetbar ist, sich aber in der Hand zu 3 mm dicken Walzen ausrollen läßt, ohne zu reißen oder zu bröckeln.

<u>Halbfest</u> ist ein Boden, der beim Versuch, ihn zu 3 mm dicken Walzen auszurollen, zwar bröckelt und reißt, der aber doch noch feucht genug ist und deshalb dunkel aussieht.

<u>Hart</u> ist ein Boden, der ausgetrocknet ist und deshalb hell aussieht und dessen Schollen in Scherben zerbrechen.

Erhöhung der Tafelwerte

Werden bei der Berechnung der Kantenpressungen auf gewachsenen nichtbindigen Böden alle Belastungseinflüsse berücksichtigt, so dürfen die Tafelwerte um 30 % erhöht werden. Die Druckspannung im Schwerpunkt der gedrückten Fläche darf aber die Tafelwerte nicht überschreiten.

Liegt die Gründungssohle tiefer als drei Meter unter Gelände, so darf die unter Abschnitt b2 der Tab. 3.1 für 2 m Gründungstiefe angegebene zulässige Bodenbeanspruchung um die Pressung erhöht werden, die der Baugrund (bei Berücksichtigung des Auftriebes) durch die dauernd oberhalb der Bauwerkssohle liegenden Bodenmassen erfährt, wobei die niedrigste Höhe des den Gründungskörper umgebenden Bodens maßgebend ist.

Herabsetzung der Tafelwerte

Die Tafelwerte sind herabzusetzen, wenn der Baugrund nennenswerten Erschütterungen ausgesetzt ist, bei bindigen Böden dort, wo besonders hohe Lasten auf kleine Flächen zusammengedrängt auftreten, bei nichtbindigen Böden, sofern der Abstand zwischen Grundwasserspiegel und der Unterkante des Bauwerks geringer ist als die Breite des Grundkörpers. In diesem Falle ist die aus der Tabelle entnommene Bodenpressung um 0,5 kg/cm² zu ermäßigen.

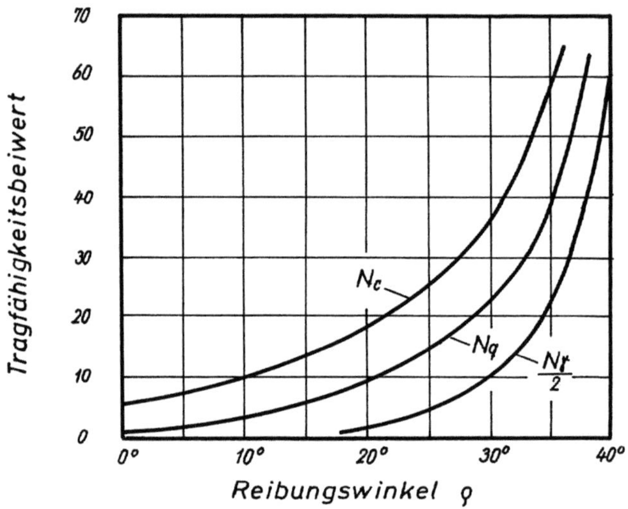

Abb. 3.15 Tragfähigkeitsbeiwerte für flachgegründete Fundamente nach TERZAGHI (vollkommener Scherbruch).

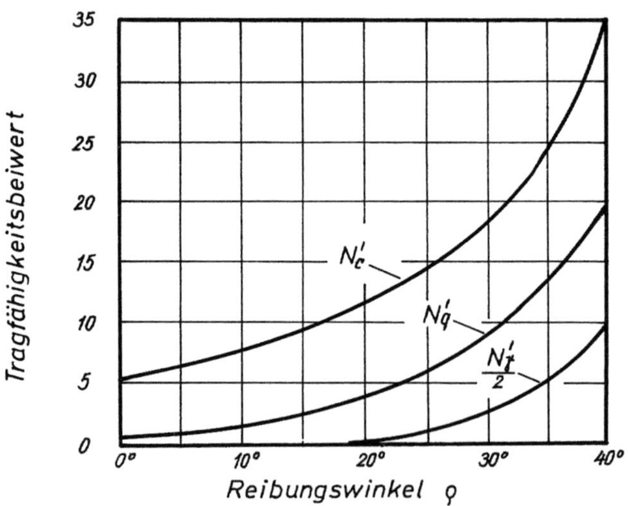

Abb. 3.16 Tragfähigkeitsbeiwerte für flachgegründete Fundamente nach TERZAGHI (lokaler Scherbruch).

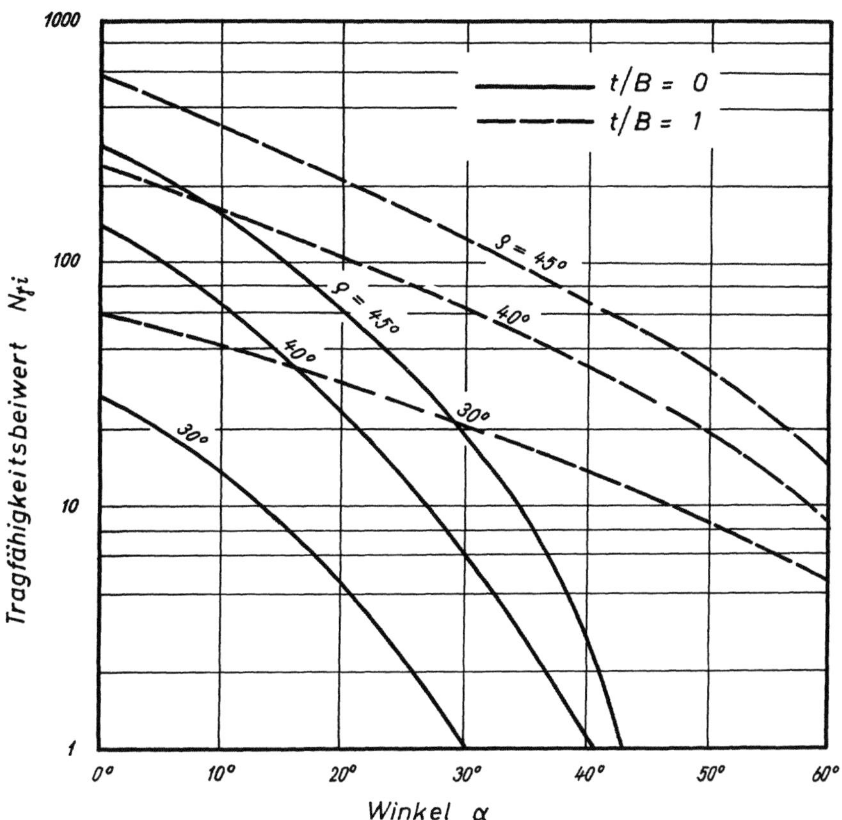

Abb. 3.17 Tragfähigkeitsbeiwerte $N_{\vartheta i}$ in Abhängigkeit vom Winkel α , vom Winkel φ und vom Verhältnis t/B (nach MEYERHOF).

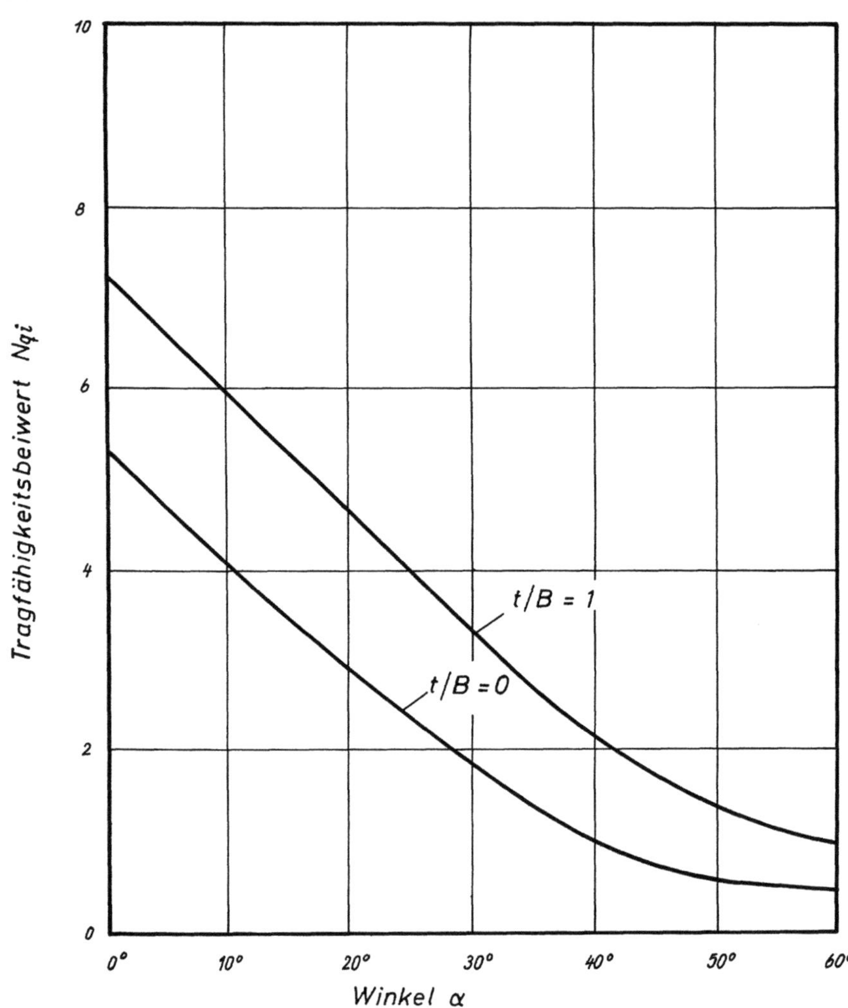

Abb. 3.18   Tragfähigkeitsbeiwerte N_{qi} in Abhängigkeit vom Winkel α und dem Verhältnis t/B (nach MEYERHOF).

3.3 Literatur

RANKINE (1857) On the stability of loose earth. Phil.
Trans. Roy. Soc. London, S. 147.

KÖTTER (1903) Die Bestimmung des Druckes an gekrümmten
Gleitflächen. Ber. Akad. d. Wissensch. Berlin.

VON MISES (1913) Mechanik der festen Körper im plastisch
deformablen Zustand. Gött. Nachr. Math. Phys. Klasse,
S. 582.

PRANDTL (1920) Über die Härte plastischer Körper. Nachr.
Kgl. Ges. Wiss. Göttingen.

PRANDTL (1921) Eindringungsfestigkeit und Festigkeit von
Schneiden. Zeitschr. f. angew. Math. u. Mech. 1, S. 15.

REISSNER (1924) Zum Erddruckproblem. Proc. I. Int. Conf.
Appl. Mech. Delft.

WILSON (1941) The calculation of bearing capacity of
footings on clay. Jour. ICE 17, S. 87.

MEYERHOF (1948) An investigation on the bearing capacity
of shallow footings in dry sand. Proc. II. Int. Conf.
Soil Mech. Found. Eng. Rotterdam, Bd. I, S. 409.

SCHULTZE (1948) Bodenpressung und Grundbruch. Abh. Boden-
mech. und Grundbau. Schmidt Bielefeld.

TERZAGHI (1943) Theoretical soil mechanics. Wiley & Sons
New York.

MEYERHOF (1951) The ultimate bearing capacity of foundations. Géotechnique 2, S. 301.

DIN 1054 (1953): Gründungen. Zulässige Belastung des Baugrundes. Richtlinien.

LUNDGREN/MORTENSEN (1953) Determination by the theory of
plasticity of the bearing capacity of continuous
footings on sand. Proc. III. Int. Conf. Soil Mech.
Found. Eng. Zürich, Bd. I, S. 409.

MEYERHOF (1953) The bearing capacity of footings under
eccentric and inclined loads. Proc. III. Int. Conf.
Soil Mech. Found. Eng. Zürich, Bd. I, S. 440.

MIZUNO (1953) On the bearing power of soil under a uni-
formly distributed circular load. Proc. III. Int. Conf.
Soil Mech. Found. Eng. Zürich, Bd. I, S. 446.

MUHS/KAHL (1954) Ergebnisse von Probebelastungen auf gro-
     ßen Lastflächen zur Ermittlung der Bruchlast im Sand.
     Fortschritte und Forschungen im Bauwesen, Reihe D,
     Heft 17.

MEYERHOF (1956) Discussion of paper by A. Jumikis "Rupture
     surfaces in sand under oblique loads". Proc. ASCE,
     Paper No. 861.

MEYERHOF (1956) Penetration tests and bearing capacity of
     cohesionless soils. Proc. ASCE, Paper No. 866.

SOKOLOVSKI (1956) Statics of soil media. Butterworth & Co.
     London.

DIN 4018 (1957): Flächengründungen. Richtlinien für die
     Berechnung.

MUHS/KAHL (1957) Ergebnisse von Probebelastungen auf gro-
     ßen Lastflächen zur Ermittlung der Bruchlast im Sand.
     Fortschritte und Forschungen im Bauwesen, Reihe D, Heft
     28.

BIARIZ/BUREL/WACK (1961) Contribution à l'étude de la
     force portante des fondations. Proc. V. Int. Conf. Soil
     Mech. Found. Eng. Paris, Bd. I, S. 603.

DE BEER/LADANYI (1961) Étude expérimentale de la capacité
     portante du sable sous des fondations circulaires
     établies en surface. Proc. V. Int. Conf. Soil Mech.
     Found. Eng. Paris, Bd. I, S. 577.

FEDA (1961) Research on the bearing capacity of loose soil.
     Proc. V. Int. Conf. Soil Mech. Found. Eng. Paris, Bd. I,
     S. 635.

HANSEN (1961) The bearing capacity of sand. Proc. V. Int.
     Conf. Soil Mech. Found. Eng. Paris, Bd. I, S. 659.

KEZDI (1961) The effect of inclined loads on the stability
     of foundations. Proc. V. Int. Conf. Soil Mech. Found.
     Eng. Paris, Bd. I, S. 699.

BALLA (1962) Bearing capacity of foundations. Proc. ASCE,
     Bd. 88, SM 5.

NADAI (1963) Theory of flow and fracture of solids.
     McGraw-Hill Book Co. New York.

NAUJOKS (1963) Über die Tragfähigkeit von mittig vertikal
     belasteten Flachgründungen im Sand. Berichte aus der
     Bauforschung, Heft 32.

MUHS (1963) Über die zulässige Belastung nichtbindiger
     Böden. Berichte aus der Bauforschung, Heft 32.

BUB (1963) Beitrag zur Ermittlung der Verteilung der
     Normal- und Schubspannungen an der Sohle von Streifen-
     fundamenten und zur Bemessung flachgegründeter Streifen-
     fundamente aus unbewehrtem Beton. Berichte aus der
     Bauforschung, Heft 30.

MUHS (1963) Die zulässige Belastung von Sand auf Grund
     neuerer Versuche und Erkenntnisse. Baumaschine und
     Bautechnik 10, S. 441.

DIN 4017, Blatt 1 (1965): Baugrund. Grundbruchberechnungen
     von lotrecht mittig belasteten Flachgründungen. Richt-
     linien.

DIN 4017, Blatt 2 (1964): Baugrund. Grundbruchberechnungen
     von schräg und ausmittig belasteten Flachgründungen.
     Richtlinien.

MUHS (1965) On the phenomenon of progressive rupture in
     connection with the failure-behaviour of footings in
     sand. Proc. VI. Int. Conf. Soil Mech. Found. Eng.
     Montreal, Bd. III, S. 419.

MUHS (1965) On the shape-factor in the formula for the
     ultimate bearing capacity of foundations. Proc. VI. Int.
     Conf. Soil Mech. Found. Eng. Montreal, Bd. III, S. 439.

MUHS/WEISS (1969) Die Grenztragfähigkeit und Schiefstel-
     lung ausmittig lotrecht belasteter Einzelfundamente
     im Sand nach Theorie und Versuch. Berichte aus der
     Bauforschung, Heft 59.

MUHS (1969) Neue Erkenntnisse über die Tragfähigkeit von
     flachgegründeten Fundamenten aus Großversuchen und ihre
     Bedeutung für die Berechnung. Die Bautechnik, Heft 6.

WEISS (1970) Der Einfluß der Fundamentform auf die Grenz-
     tragfähigkeit flachgegründeter Fundamente. Mitteilungen
     der DEGEBO Berlin, Heft 25.

ELMIGER/MUHS (1970) Sohlspannung und Sohlreibung im Sand
     unter flachgegründeten Einzelfundamenten. Mitteilungen
     der DEGEBO Berlin, Heft 24.

MUHS/WEISS (1970) Der Einfluß der Lastneigung auf die
     Grenztragfähigkeit flachgegründeter Einzelfundamente.
     Mitteilungen der DEGEBO Berlin, Heft 24.

4. Tragfähigkeit von Pfahlgründungen

4.1 Aufgaben

Aufgabe 20   Berechnung der Tragfähigkeit eines Pfahles nach Rammformeln

Ein Stahlbetonfertigpfahl hat eine kreisförmige Querschnittsfläche von $F = 1260$ cm². Der Pfahl wurde mit einer kinetischen Energie von $A = 140\,000$ kgcm in den Boden gerammt. Die Rammtiefe beträgt $l = 9,0$ m. Die Eindringung beim letzten Schlag betrug $e = 0,8$ cm.

Vorhandene Kennziffern:

E	$= 300\,000$ kg/cm²	$=$	Elastizitätsmodul des Pfahlmaterials
R	$= 2000$ kg	$=$	Bärgewicht
G	$= 2820$ kg	$=$	Pfahlgewicht
$tg\,\varphi_e$	$= 0,2 \cdot 10^{-4}$ cm/kg	$=$	Elastizitätsbeiwert aus einer Probebelastung
k	$= 0,3$	$=$	Stoßziffer

Welche Tragfähigkeit hat der Stahlbetonpfahl nach den folgenden Rammformeln:

a)   von REDTENBACHER,
b)   von SCHENK,
c)   von HILEY und
d)   nach der Engineering-News-Formel?

Grundlagen

Das sicherste Verfahren, die Tragfähigkeit eines Einzelpfahles festzustellen, ist die Probebelastung. Die Durchführung und Auswertung von Probebelastungen ist durch folgende Normen geregelt:

__In Deutschland__

DIN 1054 (1953): Gründungen. Zulässige Belastung des Baugrundes. Richtlinien.

DIN 4014 (1960): Bohrpfähle. Herstellung und zulässige Belastung. Richtlinien.

DIN 4026 (Entwurf 1965): Rammpfähle. Herstellung und
    zulässige Belastung. Richtlinien.

<u>In den USA</u>
American Association of State Highway Officials (1958):
    Standard Specification for Highway Bridges.

ASTM D 1143 - 50 T (1952): Tentative method of test for
    load-settlement relationship for individual
    piles.

Durch die Probebelastung wird die Grenzlast bestimmt.
Als Grenzlast wird die Last bezeichnet, bei der der Pfahl
ein genormtes Setzungsmaß nicht überschreitet. Diese maximal zulässigen Setzungsmaße haben in den verschiedenen Ländern unterschiedliche Werte. Tab. 4.1 gibt einen Überblick
über die wichtigsten zulässigen Setzungsmaße bei Probebelastungen. Die zulässige Belastung ist nach der DIN 1054
die Hälfte der während der Probebelastung gefundenen Grenzlast. SCHULTZE/MUHS (1967) geben weitere ausführliche Hin-
weise zur Durchführung und Auswertung von Probebelastungen.

Ein weiterer Weg, die zulässige Belastung eines Ramm-
pfahles festzustellen, ist die Auswertung von Rammproto-
kollen mit Hilfe der bekannten Rammformeln. Obwohl diese
Rammformeln zahlreiche Vereinfachungen enthalten, werden
sie doch immer wieder gerne benutzt und vor allen Dingen
auch im Ausland im weiten Umfang angewendet. Der Ingenieur
muß aus diesem Grunde mit den gebräuchlichen Rammformeln
vertraut sein, damit er sie richtig anwenden und deuten
kann.

Nach der DIN 1054 dürfen aber in Deutschland Rammformeln nur für nichtbindige Böden angewendet werden und auch
nur dann, wenn sie von der örtlichen Baubehörde zugelassen
sind und durch Probebelastungen überprüft wurden. In den
USA ist die Anwendung von Rammformeln ebenfalls nur auf
nichtbindige Böden beschränkt.

Diese Einschränkungen werden in vielen anderen Ländern
oft nicht beachtet, wodurch fehlerhafte Deutungen und wirt-

schaftliche Verluste unvermeidbar sind. Jeder Ingenieur,
der im Ausland tätig ist, sollte die bewährten Bestimmungen
sorgfältig beachten und zum Nutzen seiner Firma und des
Bauherrn immer anwenden.

Tabelle 4.1 Zulässige Setzungsmaße zur Ermittlung der
Grenzlast aus einer Probebelastung.

Norm oder Bestimmung	Zulässige Setzung
Deutschland	
DIN 4026: Rammpfähle............	0,025 d
DIN 4014: Bohrpfähle............	2 cm
Frankreich	
nach MAGNEL (1948).............	0,8 cm
USA	
New York City Building Law......	2,5 cm
Standard Specification for Highway Bridges.................	0,65 cm

Für den vollkommen unelastischen Stoß gibt REDTENBACHER
die Formel:

$$Q_{dyn} = \frac{F}{l} \cdot E \cdot \left[-e + \sqrt{e^2 \cdot \frac{2 \cdot h \cdot R^2}{E \cdot (R+G)} \cdot \frac{l}{F}} \right] \quad (kg) \qquad (4.1)$$

Q_{dyn} = dynamischer Eindringwiderstand in kg
F = Pfahlquerschnitt in cm^2
l = Rammtiefe in cm
E = Elastizitätsmodul des Pfahlmaterials in kg/cm^2
e = Eindringung des Pfahles in cm je Schlag infolge
der Fallhöhe h (cm) des Rammbären
R = Bärgewicht in kg (Tab. 4.11)
G = Pfahlgewicht in kg
A = kinetische Energie in kgcm
h = A/R = Fallhöhe des Rammbären

Andere Formeln sind ähnlich aufgebaut. SCHENK (1951)
gibt die Formel:

$$Q_{dyn} = \frac{e}{tg\varphi_e} \cdot \left[-1 + \sqrt{1 + \frac{2\,tg\varphi_e}{e^2} \cdot C \cdot A} \right] \quad (kg) \qquad (4.2)$$

$tg\,\varphi_e$ = Elastizitätsbeiwert (Abb. 4.1). Dieser Beiwert wird aus der Probebelastung ermittelt.

s_e = elastischer Setzungsanteil in cm während der Probebelastung

Q = Probebelastung in kg

A = $R \cdot h$ = kinetische Energie des herabfallenden Rammbären je Schlag in kgcm

C = $\dfrac{R + k^2 \cdot G}{R + G}$ = Wirkungsgrad des Rammstoßes

k = Stoßziffer

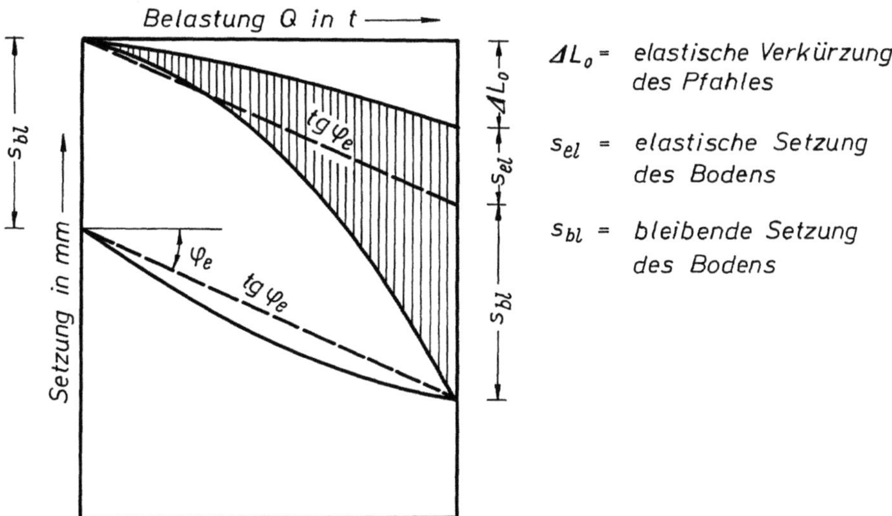

Abb. 4.1   Setzungsanteile bei einer Pfahlbelastung (nach SCHENK 1951).

In den USA und in den südamerikanischen Staaten hat die Engineering-News-Formel weite Verbreitung gefunden. Sie lautet für unmittelbar wirkende Rammbären:

$$R_a = \frac{2 \cdot W_r \cdot H}{s + c} \quad (lb) \qquad (4.3)$$

und für doppelt wirkende Dampfbären:

$$R_a = \frac{2 \cdot (W_r + A \cdot p) \cdot H}{s + c} \quad (lb) \qquad (4.4)$$

R_a = zulässige Belastung in lb

W_r = Gewicht des Rammbären in lb

H = Fallhöhe des Rammbären in ft

A = Pfahlquerschnitt in sq. inches

p = mittlerer wirklicher Druck des Kolben des Dampfbären in lb/sq. inches

s = Eindringung des Pfahles in inches infolge des
letzten Schlages. (Gewöhnlich nimmt man das
Mittel aus den letzten 5 Schlägen.)

c = Einflußfaktor mit folgenden Werten:

Freifallbären...................... $1,0 \cdot W_p/W_r$

Dampfbären........................ $0,1 \cdot W_p/W_r$

Dampfbären für Pfähle aus Stahl
oder Stahlbeton.................. $0,1 \cdot W_p/W_r$

W_p = Gewicht des Pfahles in lb

Eine weitere Rammformel, die in den USA und in den süd-
amerikanischen Ländern sehr häufig angewendet wird, hat
HILEY (1930) für unmittelbar wirkende Dampfbären und
Dieselbären entwickelt:

$$R_u = \frac{12 \cdot e_f \cdot W_r \cdot H}{s + \frac{1}{2} \cdot (C_1 + C_2 + C_3)} \cdot \frac{W_r + e^2 \cdot W_p}{W_r + W_p} \qquad (lb) \qquad (4.5)$$

R_u = Grenzbelastung vor der Anwendung des Sicherheitsfaktors in lb

e_f = mechanischer Wirkungsgrad des Rammbären:

Freifallbären ohne Winde........ 1,00

Freifallbären mit Winde......... 0,75

doppelt wirkende Dampframmen.... 0,85

Dieselrammen.................... 1,00

Mittelwert obiger Werte......... 0,90

e = Stoßziffer:

ohne Rammhaube, Stahl auf Stahl.. 0,55

Rammhaube mit Hartholzfutter..... 0,50

Rammhaube mit normalem Holzfutter 0,40

Rammhaube mit frischem Holzfutter 0,25

C_1 = elastische Zusammendrückung des Pfahlkopfes und
der Rammhaube in inches (Tab. 4.12)

C_2 = elastische Zusammendrückung des Pfahles in
inches (Tab. 4.13)

C_3 = elastische Zusammendrückung des Bodens in inches
(Tab. 4.14)

Lösung

Nach der Rammformel von REDTENBACHER ist:

$$Q_{dyn} = \frac{1260}{900} \cdot 3 \cdot 10^5 \cdot \left[-0,80 + \sqrt{0,64 + \frac{2 \cdot 70 \cdot 4 \cdot 10^6 \cdot 900}{3 \cdot 10^5 \cdot 4\,820 \cdot 1260}} \right]$$

$$= 420\,000 \cdot \left(-0,80 + \sqrt{0,92} \right) = 420\,000 \cdot (-0,80 + 0,96)$$

$$= 420\,000 \cdot 0,16 = 67\,200 \ kg$$

Bei 2,5 facher Sicherheit ist:

$$Q_{zul} \cong 25\,000 \ kg \cong 25 \ t$$

Nach der Rammformel von SCHENK ist:

$$C = \frac{2000 + 0,09 \cdot 2820}{4820} = \frac{2,25}{4,82} = 0,47$$

$$A = 14 \cdot 10^4, \qquad \frac{2 \, tg \, \varphi_e}{e^2} = \frac{2 \cdot 0,2}{10^4 \cdot 0,64} = 0,63 \cdot 10^{-4}$$

$$Q_{dyn} = \frac{0,8 \cdot 10^4}{0,2} \cdot \left[-1 + \sqrt{1 + 0,63 \cdot 0,47 \cdot 14} \right] = 4,0 \cdot 10^4 \cdot 1,28$$

$$Q_{dyn} = 51\,200 \ kg$$

Bei 2,5 facher Sicherheit ist:

$$Q_{zul} \cong 20\,000 \ kg \cong 20 \ t$$

Nach der Engineering-News-Formel für unmittelbar wirkende Dampfbären ist mit 1 kg = 2,205 lb, 1m = 3,28 ft und
1 mm = 0,0394 in:

$$R_a = \frac{2 \cdot 2000 \cdot 2,205 \cdot 0,7 \cdot 3,28}{8 \cdot 0,0394 + 0,1 \cdot \frac{2820}{2000}} = 44\,100 \ lb$$

Mit 1 lb = 0,454 kg ist:

$$Q_{zul} \cong 20\,000 \ kg \cong 20 \ t$$

In dieser Belastung ist der Sicherheitsfaktor eingeschlossen.

Nach der Rammformel von HILEY ist mit $p_1 \cong p_2 \cong p_3 \cong$
1,30 kg/cm$^2 \cong$ 430 lb/sq.inches nach den Tab. 4.12 bis 4.14:

$$C_1 = 0,12 \;,\quad C_2 \cong 0,12 \;,\quad C_3 \cong 0,05 \;,\quad e_f = 0,75,\quad e = 0,5$$

$$R_u = \frac{12 \cdot 0,75 \cdot 2000 \cdot 2,205 \cdot 0,7 \cdot 3,28}{8 \cdot 0,0394 + 0,5 \cdot (0,12 + 0,12 + 0,05)} \cdot \frac{2,0 + 0,25 \cdot 2,82}{2,0 + 2,82}$$

$$R_u = \frac{91\,100}{0,46} \cdot 0,56 = 111\,000 \; lb$$

Bei 2,5 facher Sicherheit ist:

$$Q_{zul} = \frac{111\,000}{2,5} = 44\,400 \; lb$$

Mit 1 lb = 0,454 kg ist:

$$Q_{zul} \cong 20\,000 \; kg \cong 20 \; t$$

Ergebnisse

Bei 2,5 facher Sicherheit ergibt sich nach allen obigen
Rammformeln eine zulässige Belastung von 20 - 25 t. Bei der
Rammformel von SCHENK muß darauf geachtet werden, daß der
Elastizitätsbeiwert tg φ_e die Grenzlast empfindlich beein-
flußt und daher mit großer Sorgfalt festgestellt werden
muß.

Ganz allgemein ist zu sagen, daß die Tragfähigkeit nur
in besonderen Fällen, in denen keine Möglichkeit zur Durchführung von Probebelastungen gegeben ist, nach den zuge-
lassenen Rammformeln bestimmt wird, und auch dann sollte
man zum Vergleich die Tragfähigkeiten aus mindestens drei
verschiedenen Rammformeln und zusätzlich auch aus statischen Formeln (siehe Aufgabe 21) unabhängig voneinander ermitteln und miteinander vergleichen.

In der Engineering-News-Formel kann der Sicherheitsfaktor nach den heutigen Kenntnissen zwischen 2 und 17 schwan-
ken. Nur in ganz seltenen Fällen wurde er kleiner als 2
angetroffen.

Aufgabe 21 Berechnung der Tragfähigkeit eines
Pfahles nach statischen Formeln

Ein Stahlbetonpfahl hat einen Radius von r = 20 cm. Die
Rammtiefe beträgt l = 9 m. Der Boden besteht aus weichem
Lehm.

Wie groß ist die Tragfähigkeit des Pfahles nach statischen Formeln?

Grundlagen

Über die Berechnung der Tragfähigkeit eines Pfahles nach
statischen Formeln, das heißt mit Hilfe der Erddrucktheorie,
sind immer wieder heftige Diskussionen ausgebrochen. In der
Tat sind sämtliche statischen Formeln mit einer großen Zahl
von Vereinfachungen und Ungenauigkeiten behaftet, aus denen
in vielen Fällen fehlerhafte Resultate errechnet werden
können.

Trotz allem werden auch statische Formeln im Ausland in
vielen Fällen angewendet und müssen daher beschrieben werden. In Deutschland allerdings darf die Tragfähigkeit eines
Pfahles nach statischen Formeln allein nicht festgelegt
werden.

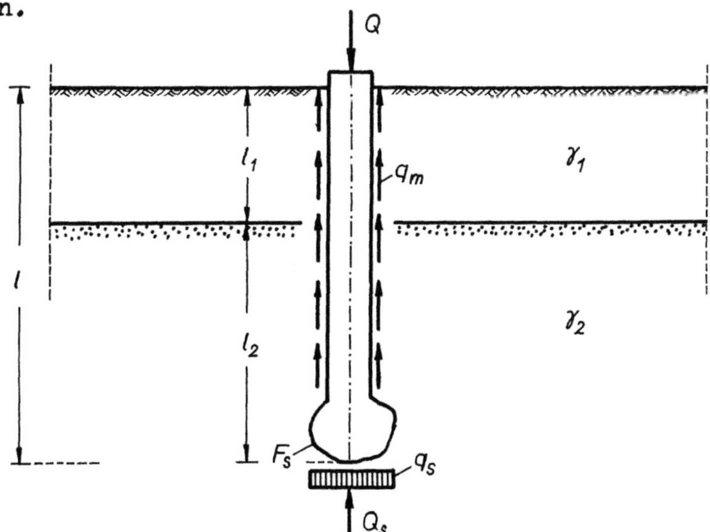

Abb. 4.2 Pfahl mit Mantelreibung und Spitzenwiderstand in geschichtetem Untergrund.

Die Grenzbelastung wird aus der Summe der Mantelreibung q_m und des Spitzenwiderstandes q_s berechnet (Abb. 4.2). Aus der Tab. 4.15 können die üblichen Werte der Mantelreibung und des Spitzenwiderstandes entnommen werden. Der Anteil des Spitzenwiderstandes an der Gesamtbelastung ist:

$$Q_s = F_s \cdot q_s \qquad (t) \qquad\qquad (4.6)$$

F_s = Aufstandsfläche in m^2

q_s = Spitzenwiderstand nach Tab. 4.15

Der Anteil der Mantelreibung an der Gesamtbelastung ist:

$$Q_m = U \cdot l \cdot q_m \qquad (t) \qquad\qquad (4.7)$$

U = Umfang des Pfahles in m

q_m = Mantelreibung nach Tab. 4.15

l = Pfahllänge

Die Grenzbelastung ist:

$$Q \;=\; Q_m \;+\; Q_s \qquad (t) \qquad\qquad (4.8)$$

Lösung

Der Tab. 4.15 entnimmt man für weichen Lehm:

$$q_s = 0 \quad \text{und} \quad q_m = 0,20 \ \text{kg/cm}^2$$

Nach Gl. (4.7) ist:

$$Q_m = 2 \cdot 20 \cdot 3,14 \cdot 900 \cdot 0,20$$
$$= 22\ 600 \ \text{kg}$$

Bei 2,5 facher Sicherheit ist:

$$Q_{zul} = 9\ 000 \ \text{kg} = 9,0 \ t$$

Ergebnisse

Die Abmessungen des Pfahles in diesem Beispiel entsprechen denen des Pfahles in der Aufgabe 20. Wollte man die gleiche Tragfähigkeit erzielen, so müßte die Mantelreibung mindestens $q_m = 0,50 \ \text{kg/cm}^2$ betragen, das entspricht der Rammung eines Pfahles in einen steifen Ton oder sandigen Klei.

Aufgabe 22   Ermittlung der Pfahlkräfte eines Pfahlrostes nach CULMANN

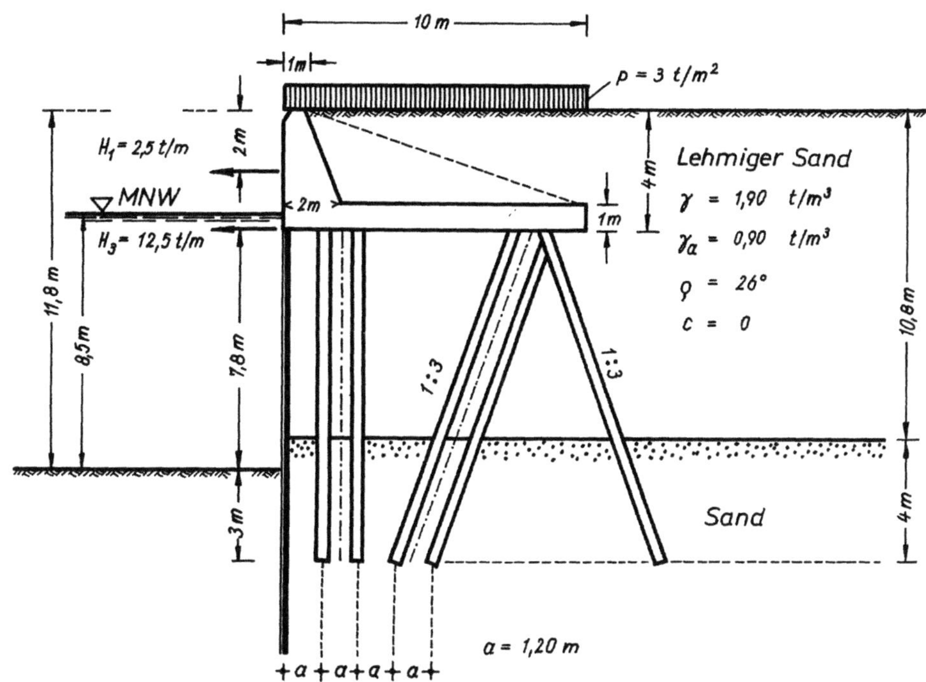

Abb. 4.3   Entwurf eines Pfahlrostbauwerkes.

Abb. 4.3 zeigt den Entwurf einer Kaianlage. Die Kaianlage besteht aus einer Rostplatte aus Stahlbeton auf einem hohen Pfahlrost mit 5 Pfählen in einem Joch. An der Wasserseite der Konstruktion befindet sich eine Spundwand.

An der Kaianlage greifen außer dem Eigengewicht der Konstruktion und dem Erddruck ein Pollerzug H_1 = 2,5 t/m und eine Auflast p = 3 t/m² an.

Der Pfahlrost soll aus quadratischen Stahlbetonpfählen (Seitenlänge 40 cm), deren zulässige Druckbeanspruchung Q = 50 t und zulässige Zugbeanspruchung Q = 12 t beträgt, wenn sie mit der dargestellten Rammtiefe von 3 m unter der Gewässersohle ausgeführt werden, hergestellt werden.

Kann der Pfahlrost in der dargestellten Form ausgeführt werden?

Sind die vorhandenen Pfahlkräfte kleiner als die zulässigen Pfahlkräfte?

Ist die Konstruktion grundbruchsicher?

Grundlagen

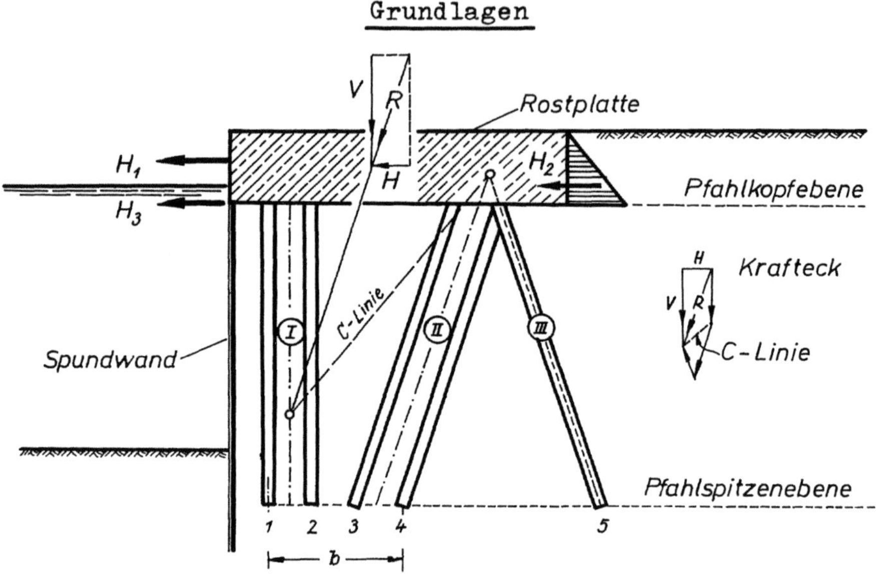

Abb. 4.4   Pfahlrostbauwerk mit 5 Pfählen und Spund-
           wandabschluß.

Die Berechnung der Pfahlkräfte einer Pfahlgruppe nach CULMANN (1866) wird am Beispiel der Abb. 4.4 erklärt. Die Abb. 4.4 zeigt ein Pfahlrostbauwerk mit Spundwandabschluß. Der dort dargestellte Abschnitt der Rostplatte wird von drei Pfahlgruppen: Gruppe I, Gruppe II und Gruppe III, getragen. Die drei Pfahlgruppen bilden zusammen ein Joch und liegen in einer Ebene. Die Abstände der Pfähle untereinander ergeben sich aus den Konstruktionsanforderungen.

Zeichnet man nun nach CULMANN ein Krafteck aus den Kräften in den Systemachsen der Pfahlgruppen und der Resultierenden, so kann die Größe der einzelnen Pfahlkräfte daraus unmittelbar abgelesen werden (Abb. 4.6). In der Abb. 4.6 stellt die C-Linie die Resultierende der Kräfte in den Schrägpfählen dar.

Teilt man die so ermittelte Pfahlgruppenkraft durch die
Anzahl der Pfähle einer Gruppe, so erhält man die vorhande-
nen Pfahlkräfte der einzelnen Pfähle. In Abb. 4.4 wird der
Pfahl 5 auf Zug beansprucht.

Wenn die errechneten Pfahlkräfte $Q \leqq Q_{zul}$ sind, kann
die Berechnung abgeschlossen werden. Ist $Q \ll Q_{zul}$ oder
$Q > Q_{zul}$, muß der Jochabstand verändert oder müssen die
Pfähle anders angeordnet werden.

Die Pfähle sollen wegen der Grundbruchsicherheit mindestens eine Rammtiefe von 1/4 der freien Höhe der Kaianlage
haben. Bei Pfahlrostbauwerken dieser Art sind mindestens 3 Belastungsfälle zu untersuchen:

Lastfall 1:   Maximale senkrechte Kraft V_{max}
                Maximale waagerechte Kraft H_{max}

Lastfall 2:   Maximale senkrechte Kraft V_{max}
                Minimale waagerechte Kraft H_{min}

Lastfall 3:   Minimale senkrechte Kraft V_{min}
                Maximale waagerechte Kraft H_{max}

Aus Bauzuständen können sich darüber hinaus noch andere
ungünstige Belastungsfälle ergeben.

Mit der Gl. (4.9):

$$\eta = \frac{\gamma \cdot t_s \cdot N_q}{\sigma_m} \geqq 1,3 \qquad (4.9)$$

läßt sich die Grundbruchsicherheit überschläglich errechnen. In der Gl. (4.9) bedeutet:

N_q = Tragfähigkeitsbeiwert nach Tab. 3.15

γ = Raumgewicht des Bodens unter der Gewässersohle
in t/m^3

t_s = Rammtiefe der Pfähle unter der Gewässersohle in m

$\sigma_m = \dfrac{\Sigma V}{b}$ = mittlere Bodenpressung unter den Pfahlspitzen in t/m^2 (siehe Abb. 4.4)

$$\sum V \ = \ V - Q_3 \cdot \cos\alpha_3$$

V = Belastung je lfd. m aus allen vertikalen Kräften

Q_3 = Zugkraft der Pfahlgruppe III. (Wenn kein Zug entsteht, ist das Vorzeichen umzukehren.)

$\cos\alpha_3$ = Neigung der Pfahlgruppe III gegen die Lotrechte

b = äußerster Abstand der Pfahlspitzen der Druckpfähle

Nach dem Verfahren von CULMANN lassen sich die Pfahlkräfte nur überschläglich berechnen. Zur genaueren Bestimmung ist es nicht geeignet, dazu müssen Verfahren herangezogen werden, die auch die elastischen Formänderungen des statisch unbestimmten Systems berücksichtigen. Diese Berechnungsart wird in der Aufgabe 23 behandelt.

Lösung

Berechnung der vertikalen Kräfte (Auftrieb und vertikale Kräfte aus dem Erddruck werden nicht berücksichtigt)
Raumgewicht des Stahlbetons $\gamma = 2,5$ t/m^3

$$
\begin{aligned}
V_1 &= 4,0\cdot 2,0\cdot 2,5 &&= 20,0 \ \text{t/m}\\
V_2 &= 8,0\cdot 3,0\cdot 1,9 &&= 45,6 \ \text{t/m}\\
V_3 &= 8,0\cdot 1,0\cdot 2,5 &&= 20,0 \ \text{t/m}\\
V_4 &= 10,0\cdot 3,0 &&= 30,0 \ \text{t/m}\\
A &= 10,0\cdot 0,7 &&= 7,0 \ \text{t/m}\\
V_{max} &= V_1 + V_2 + V_3 + V_4 &&= 115,6 \ \text{t/m}\\
V_{min} &= V_1 + V_2 + V_3 - A &&= 78,6 \ \text{t/m}
\end{aligned}
$$

(A = Auftrieb)

Berechnung der horizontalen Kräfte

$$H_2 = \tfrac{1}{2}\cdot\gamma\cdot h^2\cdot tg^2(45^\circ - \vartheta/2) = 0,5\cdot 1,9\cdot 16,0\cdot 0,39 = 6,0 \ \text{t/m}$$

$$H_1 = 2,5 \ \text{t/m}$$
$$H_3 = 12,5 \ \text{t/m}$$

(H_3 = Auflagerdruck der Spundwand)

$$H_{max} = H_1 + H_2 + H_3 = 21,0 \ \text{t/m}$$
$$H_{min} = H_2 + H_3 \qquad = 18,5 \ \text{t/m}$$

<u>Lage der Resultierenden der vertikalen Kräfte:</u>

V_{max}, bezogen auf die Vorderkante der Kaimauer:

$$x = \frac{20{,}0 \cdot 1{,}0 + 65{,}6 \cdot 6{,}0 + 30{,}0 \cdot 5{,}0}{115{,}6} = 4{,}87 \ m$$

V_{min}, bezogen auf die Vorderkante der Kaimauer:

$$x = \frac{20{,}0 \cdot 1{,}0 + 65{,}6 \cdot 6{,}0 - 7{,}0 \cdot 5{,}0}{78{,}6} = 4{,}82 \ m$$

<u>Lage der Resultierenden der horizontalen Kräfte:</u>

H_{max}, bezogen auf die Geländeoberkante:

$$y = \frac{2{,}5 \cdot 2{,}0 + 6{,}0 \cdot 2{,}66 + 12{,}5 \cdot 4{,}0}{21{,}0} = 3{,}38 \ m$$

H_{min}, bezogen auf die Geländeoberkante:

$$y = \frac{6{,}0 \cdot 2{,}66 + 12{,}5 \cdot 4{,}0}{18{,}5} = 3{,}57 \ m$$

Tabelle 4.2   Zusammenstellung der Pfahlkräfte
der verschiedenen Lastfälle.

Lastfall	Gruppe I		Gruppe II		Gruppe III	
	Je Gruppe	Je Pfahl	Je Gruppe	Je Pfahl	Je Gruppe	Je Pfahl
	t/m	t/m	t/m	t/m	t/m	t/m
Lastfall 1	60	30	60	30	2	2
Lastfall 2	60	30	60	30	2	2
Lastfall 3	38	19	55	28	8	8

Der erforderliche Jochabstand ist:

Für Druckpfähle $j = Q_{zul}/Q_{vorh} = 1{,}67$ m, gewählt 1,50 m

Für Zugpfähle $j = Q_{zul}/Q_{vorh} = 1{,}50$ m

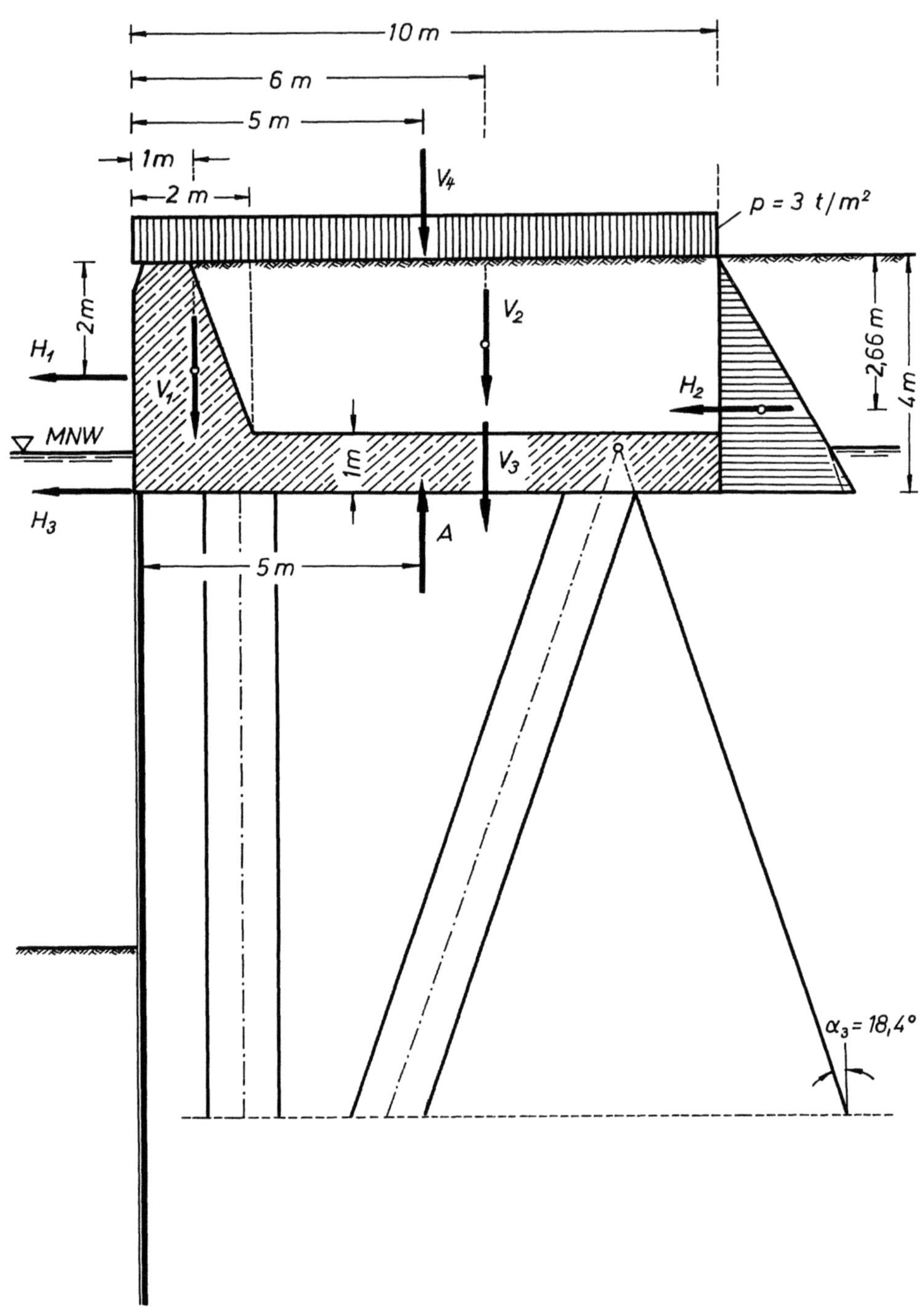

Abb. 4.5 Pfahlrost mit den angreifenden Kräften.

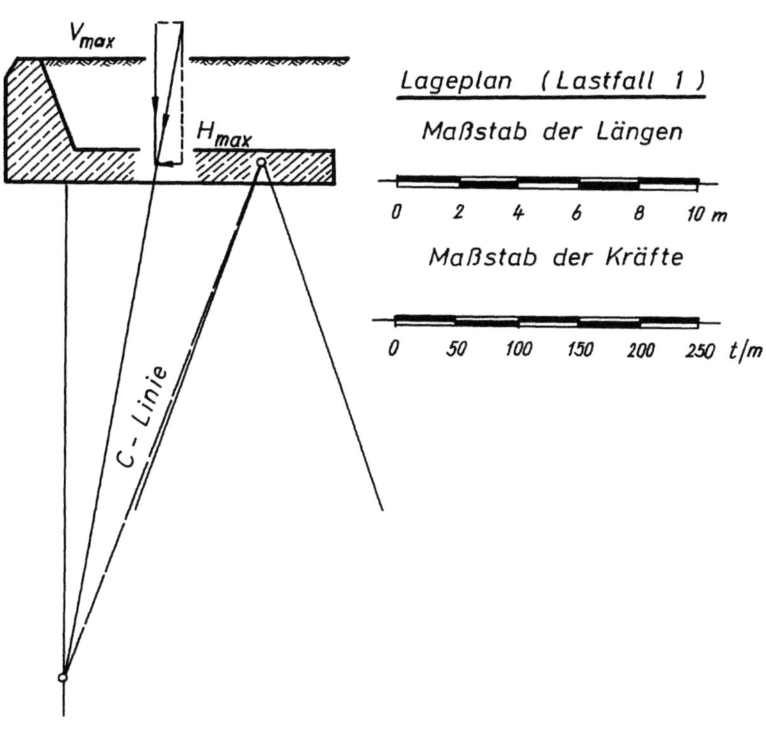

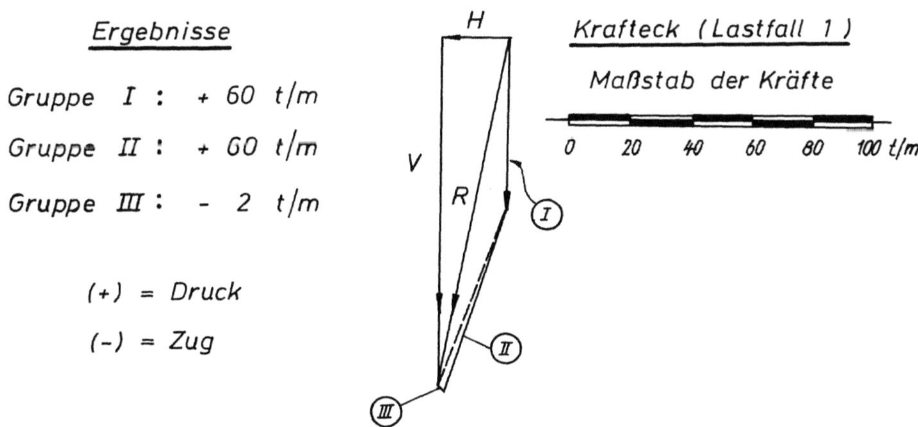

Abb. 4.6 Berechnung der Pfahlkräfte (Lastfall 1).

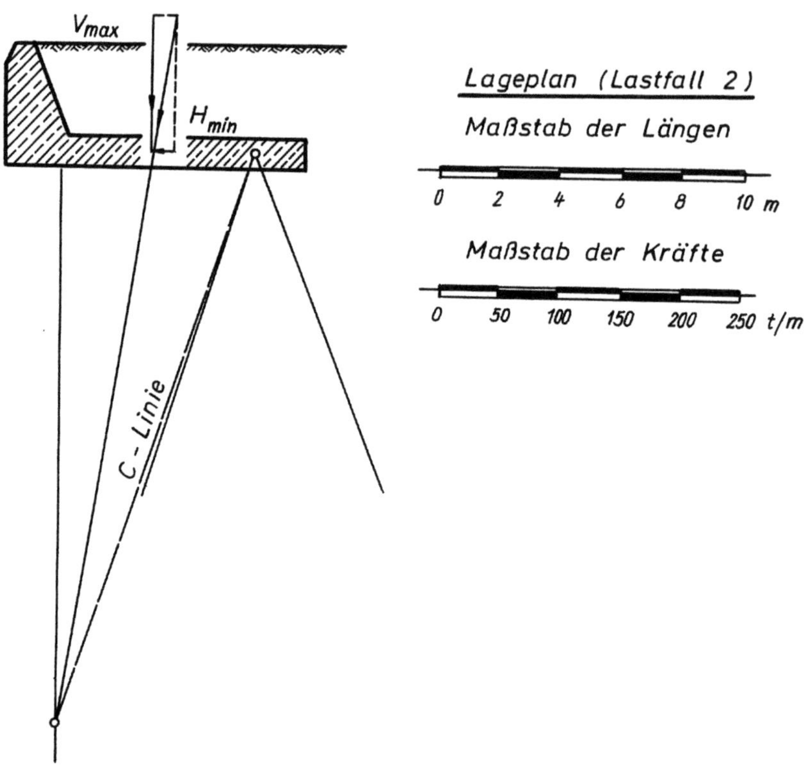

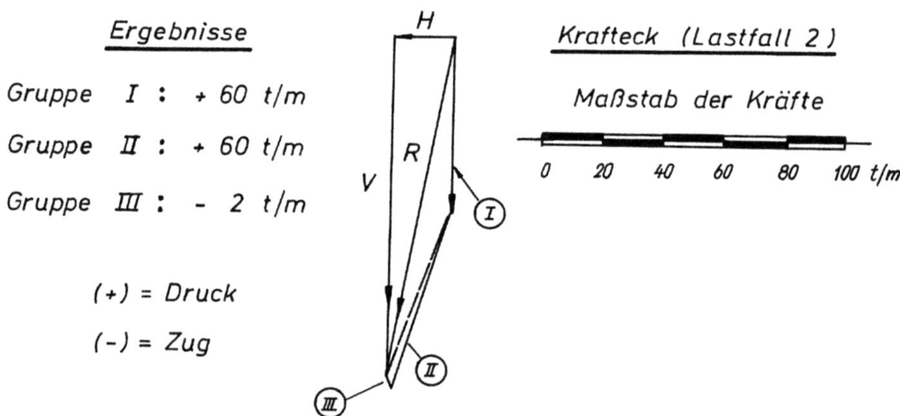

Abb. 4.7 Berechnung der Pfahlkräfte (Lastfall 2).

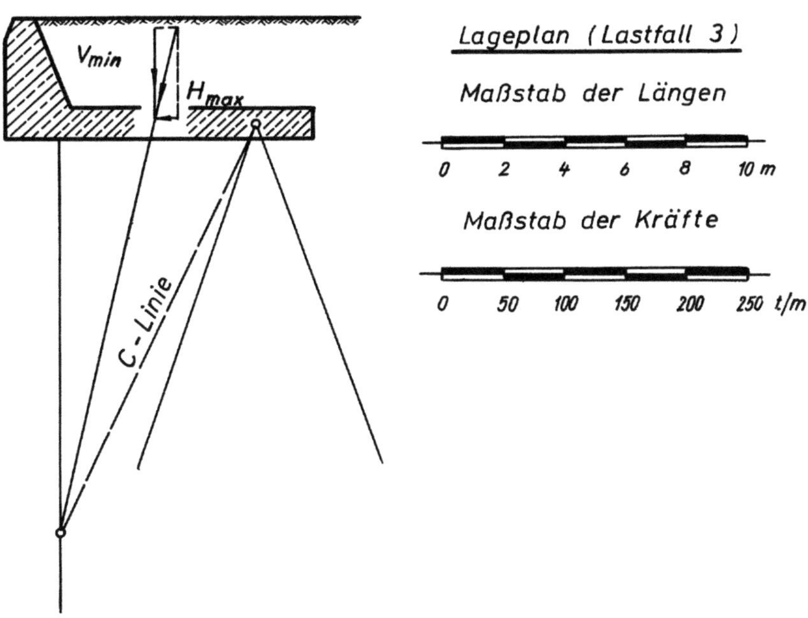

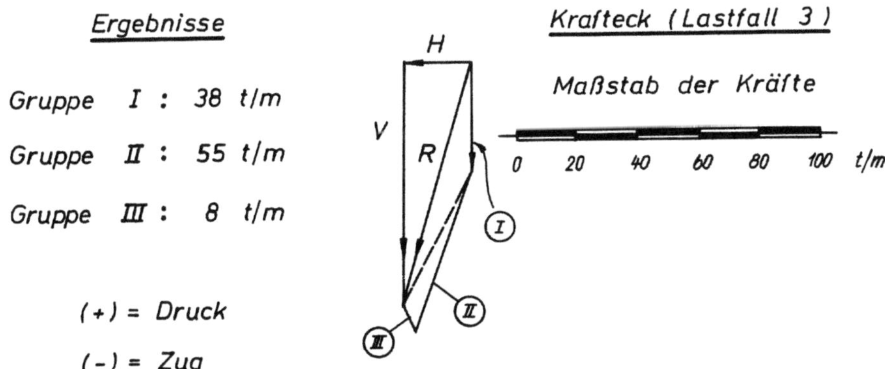

Abb. 4.8 Berechnung der Pfahlkräfte (Lastfall 3).

<u>Überschlägliche Berechnung der Grundbruchsicherheit</u>
<u>Lastfall 1 und 2:</u>
Für $\varrho = 26^\circ$ ist $N_q = 15$.

$$\cos\alpha_3 = 0{,}948\,, \qquad Q_3\cdot\cos\alpha_3 = 2\cdot 0{,}948 = 1{,}9\ t/m$$

$$\textstyle\sum V = 115{,}6 - 1{,}9 = 113{,}7\ t/m$$

$$\sigma_m = \frac{113{,}7}{3{,}6} = 31{,}5\ t/m^2$$

Nach Gl. (4.9) ist:

$$\eta = \frac{0{,}90\cdot 3{,}0\cdot 15}{31{,}5} = 1{,}3$$

<u>Lastfall 3</u>

$$N_q = 15\,, \quad Q_3\cdot\cos\alpha_3 = 8\cdot 0{,}948 = 7{,}6\ t/m\,, \quad \textstyle\sum V = 78{,}6 - 7{,}6 = 71{,}0\ t/m$$

$$\sigma_m = \frac{71{,}0}{3{,}6} = 19{,}8\ t/m^2$$

$$\eta = \frac{0{,}90\cdot 3{,}0\cdot 15}{19{,}8} = 2{,}05$$

In allen Fällen ist die Grundbruchsicherheit mindestens $\eta = 1{,}3$, das Pfahlrostbauwerk kann vorbehaltlich einer genaueren Berechnung in der vorgeschlagenen Form ausgeführt werden und ist standsicher.

Ergebnisse

Die Zugpfähle erhalten ihre größte Beanspruchung aus dem Lastfall 3, das heißt, wenn die kleinste vertikale und die größte horizontale Belastung zur Wirkung kommt.

Die Druckpfähle erhalten ihre größte Beanspruchung aus dem Lastfall 1, das heißt, wenn die größte vertikale und die größte horizontale Belastung zur Wirkung kommt.

Für die Tragfähigkeit von gerammten Holz- und Stahlbetonpfählen gibt die DIN 1054 (1953) einige wertvolle Anhaltspunkte, die in der Tab. 4.16 zusammengestellt sind. Für gerammte Stahlpfähle können wegen der vielen verschiedenen Pfahlformen ähnliche Anhaltspunkte nicht gegeben werden. Die DIN 1054 gibt weiterhin einen Richtwert für die zulässige Zugkraft gerammter Zugpfähle. Gerammte Zugpfähle dürfen mit einer Mantelreibung von $q_m = 2{,}5$ t/m^2 berechnet werden, wenn ein Pfahl mindestens 5 m tief in einer Sand- oder Kiesschicht steht und auf den Pfahl keine nennenswerten Erschütterungen einwirken werden.

Aufgabe 23 Ermittlung der Pfahlkräfte einer ebenen Pfahlgruppe mit Hilfe der elastischen Formänderungen nach NÖKKENTVED

In der Aufgabe 22 wurden die Pfahlkräfte für einen Pfahlrost mit 5 Pfählen graphisch nach dem Verfahren von CULMANN ermittelt.

Welche Pfahlkräfte ergeben sich für diesen Pfahlrost nach dem rechnerischen Verfahren von NÖKKENTVED (1928) mit Hilfe der elastischen Formänderungen der Pfähle?

Vergleiche die Ergebnisse nach dem Verfahren von CULMANN mit denen nach dem Verfahren von NÖKKENTVED und kommentiere sie!

Grundlagen

Denkt man sich die Pfähle eines Pfahlrostes am Pfahlkopf und Pfahlfuß gelenkig gelagert und am Pfahlfuß unverschieblich festgehalten, so läßt sich die Normalkraft in jedem einzelnen Pfahl angeben, wenn dessen elastische Formänderung bekannt ist. Es ist:

$$Q = E \cdot F \cdot \frac{\lambda}{l} \qquad (kg) \qquad (4.10)$$

E = Elastizitätsmodul des Pfahlmaterials in kg/cm^2
F = mittlerer Pfahlquerschnitt in cm^2
λ = absolute Längenänderung des Pfahles in cm
l = Länge des Pfahles in cm
Q = Pfahlkraft in kg

Die absolute Längenänderung λ eines Pfahles hängt davon
ab, welche Bewegung der Pfahlrost unter den angreifenden
Lasten ausführt. Bei einer starren Rostplatte setzt sich die
Summe aller Bewegungen im ungünstigsten Falle aus drei Teil-
bewegungen zusammen:

a)   eine vertikale Parallelverschiebung der Pfahlkopf-
     ebene (Abb. 4.9)

b)   eine horizontale Parallelverschiebung der Pfahl-
     kopfebene (Abb. 4.10)

c)   eine Drehung der Pfahlkopfebene um den Systemnull-
     punkt des Pfahlrostes

Nimmt man nun eine vertikale und horizontale Parallelverschiebung von der Einheit 1 und eine Drehung um den Winkel φ an, so lassen sich mit der Gl.(4.10) und den geometrischen Bedingungen des Pfahlrostes die Lage und Größe der-
jenigen Kraft und desjenigen Momentes errechnen, die die
Summe aller angenommenen Einheitsbewegungen hervorrufen.

Man kann diese Kraft und dieses Moment mit den tatsäch-
lich angreifenden Kräften und Momenten vergleichen und
daraus alle Kräfte errechnen, die in den einzelnen Pfählen
wirken. Diese Art der Pfahlrostberechnung wurde erstmalig
von OSTENFELD (1922) und NÖKKENTVED (1928) durchgeführt.

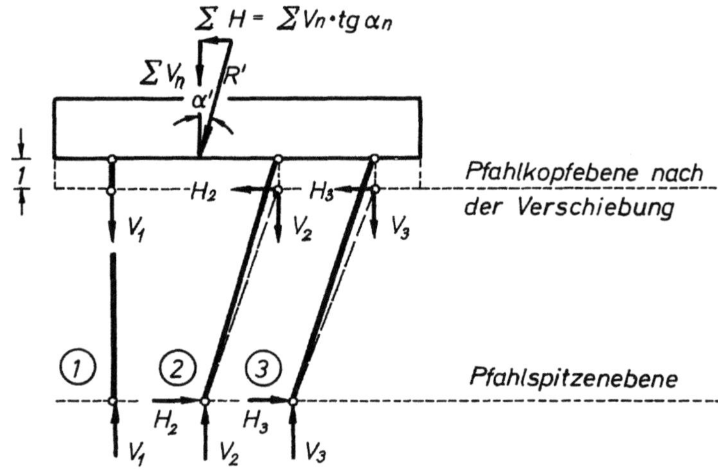

Abb. 4.9 Kräfte am Pfahlrost aus einer vertikalen
          Parallelverschiebung der Pfahlkopfebene.

Abb. 4.9 zeigt die Kräfte, die an dem Pfahlrost angreifen, wenn die Pfahlkopfebene um die Einheit 1 vertikal verschoben wird. Die resultierende Kraft, die diese vertikale
Verschiebung 1 hervorruft, wird R' genannt.

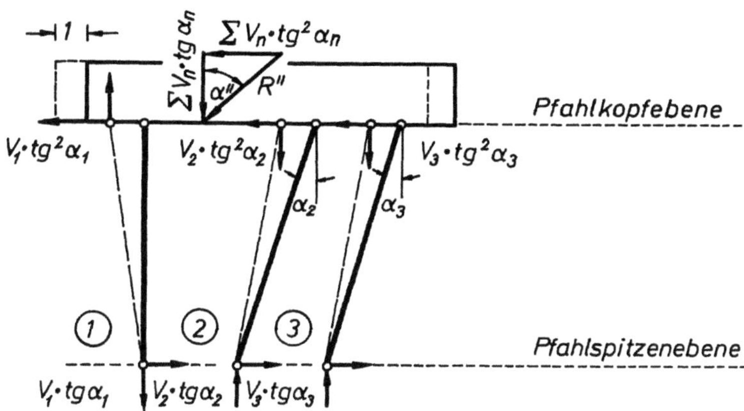

Abb. 4.10   Kräfte am Pfahlrost aus einer horizontalen
Parallelverschiebung der Pfahlkopfebene.

Abb. 4.10 zeigt die Kräfte, die an einem Pfahlrost angreifen, wenn die Pfahlkopfebene um die Einheit 1 horizontal verschoben wird. Die resultierende Kraft, die diese
Verschiebung hervorruft, wird R" genannt.

Die Pfahlkraftkomponenten können durch die Komponenten H
und V der Abb. 4.9 ausgedrückt werden, denn nach den später
angegebenen Gl. (4.12) und (4.16) ist bei vertikaler
Parallelverschiebung der Pfahlkopfebene um die Einheit 1:

$$Q_n = c \cdot \cos\alpha_n \, , \quad mit \quad c = \frac{E_n \cdot F_n}{l_n}$$

und bei horizontaler Parallelverschiebung der Pfahlkopfebene um die Einheit 1:

$$Q_n = c \cdot \sin\alpha_n$$

also ist die Vertikalkomponente aus einer vertikalen Verschiebung um die Einheit 1:

$$V_{(vert)} = Q_n \cdot \cos\alpha_n = c \cdot \cos^2\alpha_n$$

und aus einer horizontalen Verschiebung um die Einheit 1:

$$V_{(hor)} = Q_n \cdot \sin \alpha_n = c \cdot \cos \alpha_n \cdot \sin \alpha_n$$

Diese beiden Werte verhalten sich zueinander wie:

$$\frac{V_{(hor)}}{V_{(vert)}} = \frac{\sin \alpha_n}{\cos \alpha_n} = tg\, \alpha_n$$

Der Systemnullpunkt liegt im Schnittpunkt der beiden resultierenden Kräfte R' und R" (Abb. 4.11).

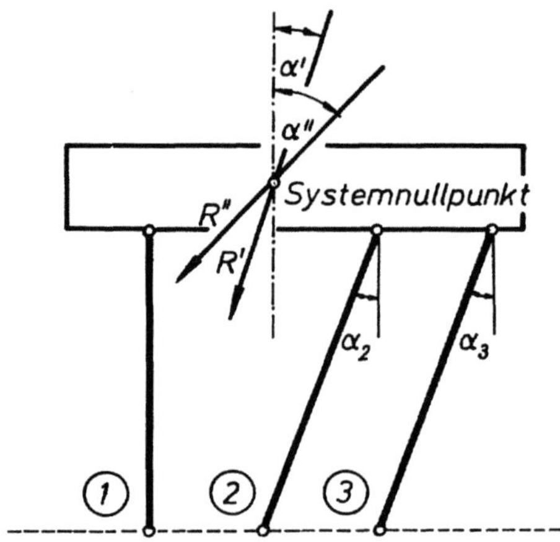

Abb. 4.11   Bestimmung des Systemnullpunktes.

Die absolute Längenänderung λ eines Pfahles bei einer
vertikalen Parallelverschiebung um die Einheit 1 ist nach
Abb. 4.12:

$$\lambda_n = 1 \cdot \cos \alpha_n \qquad (4.11)$$

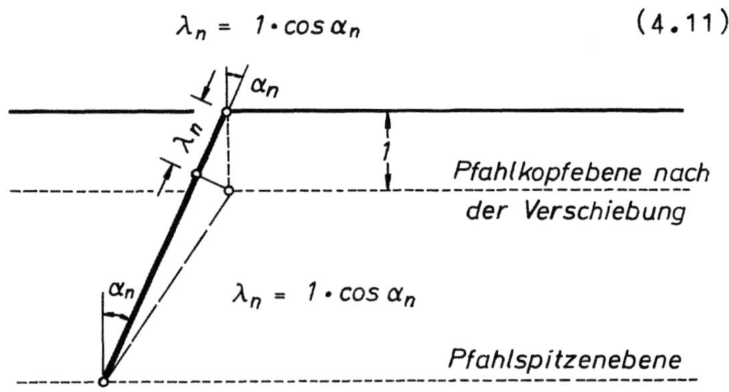

Abb. 4.12   Ermittlung der absoluten Längenänderung λ_n
bei einer vertikalen Parallelverschiebung der Pfahlkopfebene.

Die Gl. (4.11) in die Gl. (4.10) eingesetzt, ergibt:

$$Q_n = \frac{E_n \cdot F_n}{l_n} \cdot \cos \alpha_n \qquad (kg) \qquad (4.12)$$

Die vertikale Komponente ist:

$$Q_n \cdot \cos \alpha_n = \frac{E_n \cdot F_n}{l_n} \cdot \cos^2 \alpha_n = v_n \qquad (kg) \qquad (4.13)$$

Die horizontale Komponente ist:

$$Q_n \cdot \sin \alpha_n = v_n \cdot tg \, \alpha_n \qquad (kg) \qquad (4.14)$$

Die absolute Längenänderung λ eines Pfahles bei einer horizontalen Parallelverschiebung um die Einheit 1 ist nach Abb. 4.13:

$$\lambda_n = 1 \cdot \sin \alpha_n \qquad (4.15)$$

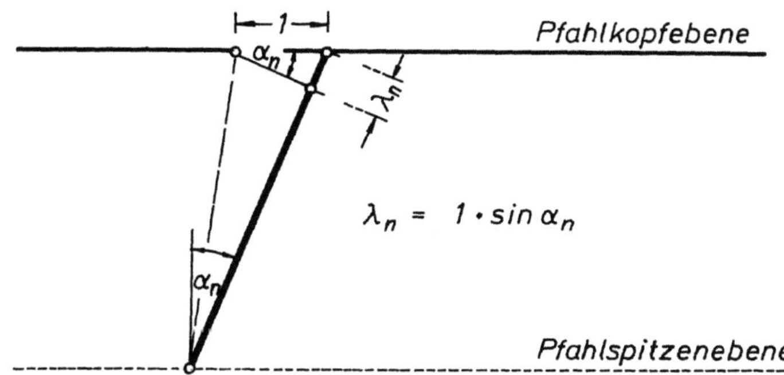

Abb. 4.13 Ermittlung der absoluten Längenänderung λ_n bei einer horizontalen Parallelverschiebung des Pfahlrostes.

Die Gl. (4.15) in die Gl. (4.10) eingesetzt, ergibt:

$$Q_n = \frac{E_n \cdot F_n}{l_n} \cdot \sin \alpha_n \qquad (kg) \qquad (4.16)$$

Die vertikale Komponente ist:

$$Q_n \cdot \cos \alpha_n = \frac{E_n \cdot F_n}{l_n} \cdot \sin \alpha_n \cdot \cos \alpha_n = v_n \cdot tg \, \alpha_n \qquad (kg) \qquad (4.17)$$

Die horizontale Komponente ist:

$$Q_n \cdot \sin \alpha_n \; = \; v_n \cdot tg^2 \alpha_n \qquad (kg) \qquad (4.18)$$

Die absolute Längenänderung λ eines Pfahles bei einer Drehung um den Systemnullpunkt ist nach Abb. 4.14:

$$\lambda_n = \cos \gamma_n \cdot w_n \qquad (cm) \qquad (4.19)$$

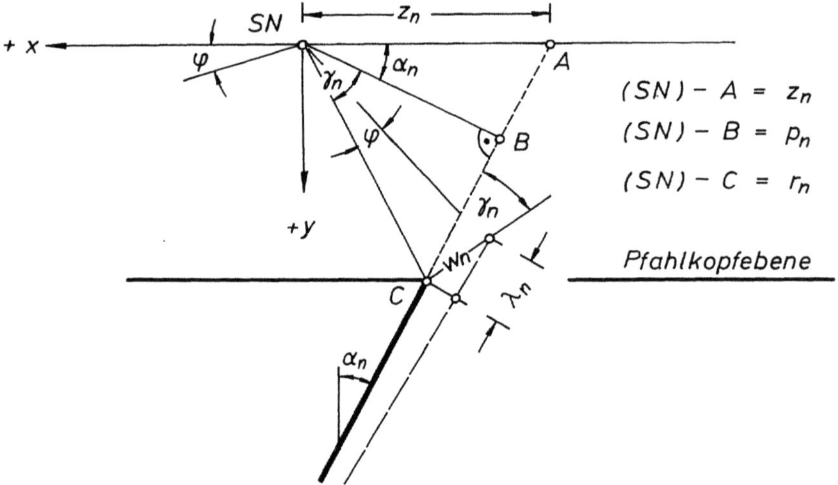

Abb. 4.14 Ermittlung der absoluten Längenänderung λ_n aus einer Drehung um den Systemnullpunkt.

Für kleine Winkel φ ist:

$$w_n = r_n \cdot \varphi \qquad\qquad (4.20)$$

Damit ergibt sich:

$$\lambda_n \; = \; r_n \cdot \varphi \cdot \cos \gamma_n \qquad\qquad (4.21)$$

Mit:
$$p_n \; = \; r_n \cdot \cos \gamma_n \qquad\qquad (4.22)$$

ist:
$$\lambda_n \; = \; \varphi \cdot p_n \qquad\qquad (4.23)$$

Mit:
$$p_n \; = \; z_n \cdot \cos \alpha_n$$
ist:
$$\lambda_n \; = \; z_n \cdot \cos \alpha_n \cdot \varphi \qquad (cm) \qquad (4.24)$$

Die Gl. (4.24) in die Gl. (4.10) eingesetzt, ergibt:

$$Q_n = \frac{E_n \cdot F_n}{l_n} \cdot z_n \cdot \cos \alpha_n \cdot \varphi \qquad (kg) \qquad (4.25)$$

Die vertikale Komponente ist:

$$Q_n \cdot \cos \alpha_n = \frac{E_n \cdot F_n}{l_n} \cdot \cos^2 \alpha_n \cdot z_n \cdot \varphi$$

Mit der Gl. (4.13) wird daraus:

$$Q_n \cdot \cos \alpha_n = v_n \cdot z_n \cdot \varphi \qquad (kg) \qquad (4.26)$$

Die horizontale Komponente ist:

$$Q_n \cdot \sin \alpha_n = v_n \cdot tg\,\alpha_n \cdot z_n \cdot \varphi \qquad (kg) \qquad (4.27)$$

Mit den Gl. (4.14), (4.17) und (4.26) ist die vertikale Komponente der Pfahlkraft eines Pfahles n allgemein:

$$Q_n \cdot \cos \alpha_n = v_n + v_n \cdot tg\,\alpha_n + v_n \cdot z_n \cdot \varphi \qquad (kg) \qquad (4.28)$$

Die Lage des Systemnullpunktes wird durch die Koordinaten y_0 und a_0 (Abb. 4.15) angegeben.

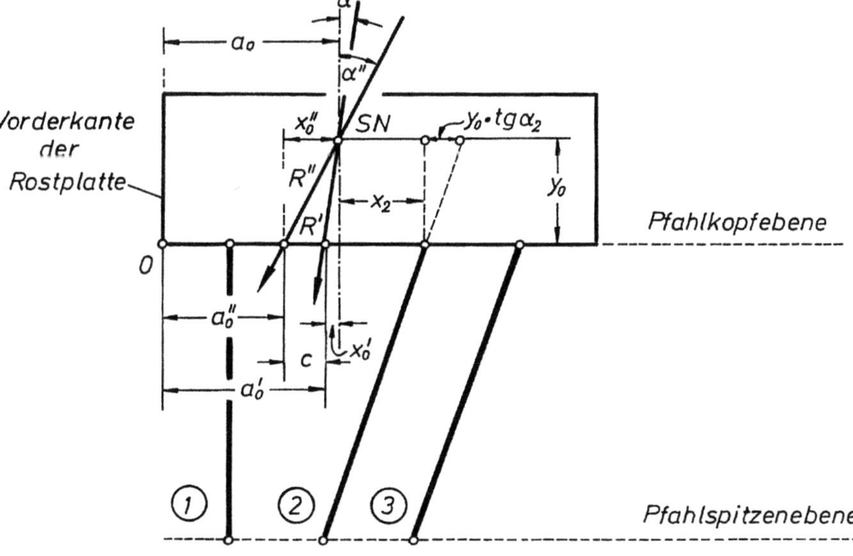

Abb. 4.15 Lage des Systemnullpunktes.

Aus den Gl. (4.13) und (4.14) erhält man die Neigung der Resultierenden R':

$$tg\,\alpha' = \frac{\sum v_n \cdot tg\,\alpha_n}{\sum v_n} \tag{4.29}$$

Aus den Gl. (4.17) und (4.18) erhält man die Neigung der Resultierenden R" (Abb. 4.10):

$$tg\,\alpha'' = \frac{\sum v_n \cdot tg^2\alpha_n}{\sum v_n \cdot tg\,\alpha_n} \tag{4.30}$$

Aus dem Gleichgewicht der Kräfte um den Nullpunkt erhält man:

$$a_0' = \frac{\sum v_n \cdot a_n}{\sum v_n} \qquad (cm) \tag{4.31}$$

$$a_0'' = \frac{\sum v_n \cdot a_n \cdot tg\,\alpha_n}{\sum v_n \cdot tg\,\alpha_n} \qquad (cm) \tag{4.32}$$

$$c = a_0' - a_0'' \qquad (cm) \tag{4.33}$$

a_n = horizontaler Abstand eines Pfahlkopfes vom Null-punkt (Abb. 4.15)

Daraus:

$$y_0 = \frac{c}{tg\,\alpha'' - tg\,\alpha'} \qquad (cm) \tag{4.34}$$

$$a_0 = a_0'' + y_0 \cdot tg\,\alpha'' \qquad (cm) \tag{4.35}$$

Ermittlung der vertikalen Komponente der Pfahlkräfte infolge einer äußeren Belastung V, H und M im System-nullpunkt

Bei einer vertikalen Parallelverschiebung ist die Summe aller vertikalen Komponenten nach Gl. (4.13):

$$\sum Q_n \cdot cos\,\alpha_n = \sum v_n = R' \cdot cos\,\alpha' \qquad (kg) \tag{4.36}$$

Für einen Pfahl n ist:

$$\Delta Q_n \cdot \cos\alpha_n = R' \cdot \cos\alpha' \cdot \frac{v_n}{\sum v_n} \qquad (kg) \qquad (4.37)$$

Bei einer horizontalen Parallelverschiebung ist die
Summe aller vertikalen Komponenten nach der Gl. (4.17):

$$\sum Q_n \cdot \cos\alpha_n = \sum v_n \cdot tg\,\alpha_n = R'' \cdot \cos\alpha'' \qquad (kg) \qquad (4.38)$$

Für einen Pfahl n ist:

$$\Delta Q_n \cdot \cos\alpha_n = R'' \cdot \cos\alpha'' \cdot \frac{v_n \cdot tg\,\alpha_n}{\sum v_n \cdot tg\,\alpha_n} \qquad (kg) \qquad (4.39)$$

Bei einer Drehung um den Winkel φ ist mit Gl. (4.26) und
mit den Beziehungen:

$$\varphi = \frac{M}{I} \qquad (1/cm)$$

$$I = \sum v_n \cdot z_n^2 \qquad (kg \cdot cm^2)$$

$$z_n = x_n - y_0 \cdot tg\,\alpha_n \qquad (cm)$$

$$\Delta Q_n \cdot \cos\alpha_n = M \cdot \frac{v_n \cdot (x_n - y_0 \cdot tg\,\alpha_n)}{\sum v_n \cdot (x_n - y_0 \cdot tg\,\alpha_n)^2} \qquad (kg) \qquad (4.40)$$

Aus der Summe der drei Bewegungen erhält man mit den
Gl. (4.37), (4.39) und (4.40):

$$Q_n \cdot \cos\alpha_n = R' \cdot \cos\alpha' \cdot \frac{v_n}{\sum v_n} + R'' \cdot \cos\alpha'' \cdot \frac{v_n \cdot tg\,\alpha_n}{\sum v_n \cdot tg\,\alpha_n} +$$

$$+ \ M \cdot \frac{v_n \cdot (x_n - y_0 \cdot tg\,\alpha_n)}{\sum v_n \cdot (x_n - y_0 \cdot tg\,\alpha_n)^2} \qquad (kg) \qquad (4.41)$$

Jede äußere Kraft, die im Systemnullpunkt angreift, kann
in die Richtungen von R' und R" zerlegt werden. Sie muß
also eine vertikale und horizontale Parallelverschiebung
hervorrufen, und die vertikalen Kraftkomponenten der einzelnen Pfähle müssen sich in dem Verhältnis ändern, in dem
sich R' und R" ändern. Aus dieser Bedingung erhält man für
eine vertikale Kraft V im Systemnullpunkt:

$$\Delta Q_n \cdot \cos \alpha_n = V \cdot \frac{v_n}{\sum v_n} \cdot \frac{tg\,\alpha'' - tg\,\alpha_n}{tg\,\alpha'' - tg\,\alpha'} = V \cdot C_{Vn} \qquad (kg) \qquad (4.42)$$

Für eine horizontale Kraft im Systemnullpunkt ist:

$$\Delta Q_n \cos \alpha_n = H \cdot \frac{v_n}{\sum v_n \cdot tg\,\alpha_n} \cdot \frac{tg\,\alpha_n - tg\,\alpha'}{tg\,\alpha'' - tg\,\alpha'} = H \cdot C_{Hn} \qquad (kg) \qquad (4.43)$$

Setzt man in der Gl. (4.41) noch:

$$C_{Mn} = \frac{v_n \cdot (x_n - y_0 \cdot tg\,\alpha_n)}{\sum v_n \cdot (x_n - y_0 \cdot tg\,\alpha_n)^2} \quad , \qquad (1/cm) \qquad (4.44)$$

so ist die vertikale Pfahlkraftkomponente:

$$Q_n \cdot \cos \alpha = V \cdot C_{Vn} + H \cdot C_{Hn} + M \cdot C_{Mn} \qquad (kg) \qquad (4.45)$$

In der Gl. (4.45) bedeuten:

$$C_{Vn} = \frac{v_n}{\sum v_n} \cdot \frac{tg\,\alpha'' - tg\,\alpha_n}{tg\,\alpha'' - tg\,\alpha'}$$

$$C_{Hn} = \frac{v_n}{\sum v_n \cdot tg\,\alpha_n} \cdot \frac{tg\,\alpha_n - tg\,\alpha'}{tg\,\alpha'' - tg\,\alpha'}$$

<u>Lösung</u>

Tabelle 4.3 Berechnung der Koordinaten des Systemnullpunktes.

n	α_n	$\cos\alpha_n$	v_n^1	$tg\,\alpha_n$	$v_n \cdot tg\,\alpha_n$	$v_n \cdot tg^2\alpha$	a_n	$v_n \cdot a_n$	$v_n \cdot tg\,\alpha_n \cdot a_n$
—	Grad	—	kg	—	kg	kg	m	kg·m	kg·m
1	0	+ 1,000	+ 1,000	0	0	0	+ 1,200	+ 1,200	0
2	0	+ 1,000	+ 1,000	0	0	0	+ 2,400	+ 2,400	0
3	+ 18,40	+ 0,949	+ 0,855	+ 0,333	+ 0,285	+ 0,095	+ 7,200	+ 6,160	+ 2,050
4	+ 18,40	+ 0,949	+ 0,855	+ 0,333	+ 0,285	+ 0,095	+ 8,400	+ 7,180	+ 2,390
5	- 18,40	+ 0,949	+ 0,855	- 0,333	- 0,285	+ 0,095	+ 8,400	+ 7,180	- 2,390
Summe			+ 4,565	----	+ 0,285	+ 0,285	----	+24,12	+ 2,050

[1]Berechnung von v_n nach Gl. (4.13).

Da alle Pfahlspitzen auf gleicher Höhe liegen, ist $l_n = \dfrac{h}{\cos\alpha_n}$ und $v_n = \dfrac{E_n \cdot F_n}{h} \cdot \cos^3\alpha_n.$

$\dfrac{E_n \cdot F_n}{h}$ ist konstant und kann entfallen, da es später im Zähler und Nenner erscheint.

h = Abstand der Pfahlkopfebene von der Pfahlspitzenebene, h = 10,80 m (siehe Abb.4.3).

Nach Gl. (4.29) ist:

$$tg\,\alpha' = \frac{0,285}{4,565} = 0,063$$

Nach Gl. (4.30) ist:

$$tg\,\alpha'' = \frac{0,285}{0,285} = 1,000$$

Nach Gl. (4.31) ist:

$$a_0' = \frac{24,120}{4,565} = 5,28\,m$$

Nach Gl. (4.32) ist:

$$a_0'' = \frac{2,050}{0,285} = 7,19\,m$$

Nach Gl. (4.33) ist:

$$c = 5,28 - 7,19 = -1,91\,m$$

Nach Gl. (4.34) ist:

$$y_0 = \frac{-1,91}{1,000 - 0,063} = -2,04\,m$$

Nach Gl. (4.35) ist:

$$a_0 = 7,19 - 2,04 \cdot 1,000 = 5,15\,m$$

Tabelle 4.4 Berechnung der Einflußwerte C_V.

$$C_{Vn} = \frac{v_n}{\sum v_n} \cdot \frac{tg\,\alpha'' - tg\,\alpha_n}{tg\,\alpha'' - tg\,\alpha'} = \frac{v_n}{4{,}565} \cdot \frac{1{,}00 - tg\,\alpha_n}{0{,}937}$$

Pfahlgruppe	Pfahlzahl N	v_n	$tg\,\alpha_n$	$1{,}00 - tg\,\alpha_n$	$\dfrac{1{,}00 - tg\,\alpha_n}{0{,}937}$	$\dfrac{v_n}{4{,}565}$	C_V	$N \cdot C_V$
—	—	kg	—	—	—	kg	—	—
I	2	+ 1,000	0	+ 1,000	+ 1,067	0,219	0,234	0,468
II	2	+ 0,855	+ 0,333	+ 0,666	+ 0,711	0,188	0,132	0,264
III	1	+ 0,855	- 0,333	+ 1,333	+ 1,423	0,188	0,268	0,268

Bedingung: $\sum N \cdot C_V = 1$ *Summe* = 1,000

Tabelle 4.5   Berechnung der Einflußwerte C_H.

$$C_{Hn} = \frac{v_n}{\sum v_n \cdot tg\,\alpha_n} \cdot \frac{tg\,\alpha_n - tg\,\alpha'}{tg\,\alpha'' - tg\,\alpha'} = \frac{v_n}{0,285} \cdot \frac{tg\,\alpha_n - 0,063}{0,937}$$

Pfahlgruppe	Pfahlzahl N	v_n	$tg\,\alpha_n$	$tg\,\alpha_n - 0,063$	$\dfrac{tg\,\alpha_n - 0,063}{0,937}$	$\dfrac{v_n}{0,285}$	C_H	$N \cdot C_H$
—	—	kg	—	—	—	kg	—	—
I	2	+ 1,000	0	− 0,063	− 0,067	+ 3,510	− 0,235	− 0,470
II	2	+ 0,855	+ 0,333	+ 0,270	+ 0,288	+ 3,000	+ 0,864	+ 1,728
III	1	+ 0,855	− 0,333	− 0,396	− 0,423	+ 3,000	− 1,271	− 1,271

Bedingung: $\sum N \cdot C_H = 0$ Summe   = − 0,013

Tabelle 4.6 Berechnung der Einflußwerte C_M.

$$C_M = \frac{v_n \cdot (x_n - y_0 \cdot tg\,\alpha_n)}{\sum v_n \cdot (x_n - y_0 \cdot tg\,\alpha_n)^2}$$

$$x_n = a_0 - a_n = 5{,}15 - a_n$$

$$y_0 \cdot tg\,\alpha_n = -2{,}04 \cdot tg\,\alpha_n$$

n	a_n	x_n	$tg\,\alpha_n$	$2{,}04 \cdot tg\,\alpha_n$	$x_n + 2{,}04 \cdot tg\,\alpha_n$	$(x_n + 2{,}04 \cdot tg\,\alpha_n)^2$	v_n	$v_n \cdot (x_n - y_0 \cdot tg\,\alpha_n)$	$v_n \cdot (x_n - y_0 \cdot tg\,\alpha_n)^2$	C_M
—	m	m	—	—	m	m^2	kg	$kg \cdot m$	$kg \cdot m^2$	—
1	1,20	+3,95	0	0	+ 3,95	+ 15,60	+1,000	+ 3,95	+ 15,60	+ 0,109
2	2,40	+2,75	0	0	+ 2,75	+ 7,56	+1,000	+ 2,75	+ 7,56	+ 0,076
3	7,20	-2,05	+0,333	+ 0,679	- 1,37	+ 1,88	+0,855	- 1,17	+ 1,61	- 0,032
4	8,40	-3,25	+0,333	+ 0,679	- 2,57	+ 6,61	+0,855	- 2,22	+ 5,65	- 0,062
5	8,40	-3,25	-0,333	- 0,679	- 2,57	+ 6,61	+0,855	- 2,22	+ 5,65	- 0,062

Bedingung: $\sum C_M = 0$ Summe $=$ + 36,07   + 0,029

Lastfall 1

(*Abmessungen in m*)

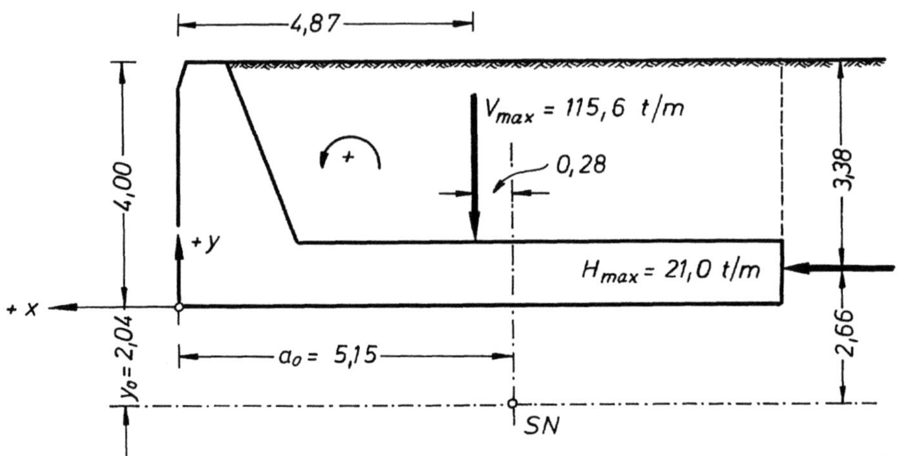

$$M_1 = 115,6 \cdot 0,28 + 21,0 \cdot 2,66 = 32,37 + 55,86 = 88,23\ tm/m$$

Lastfall 3

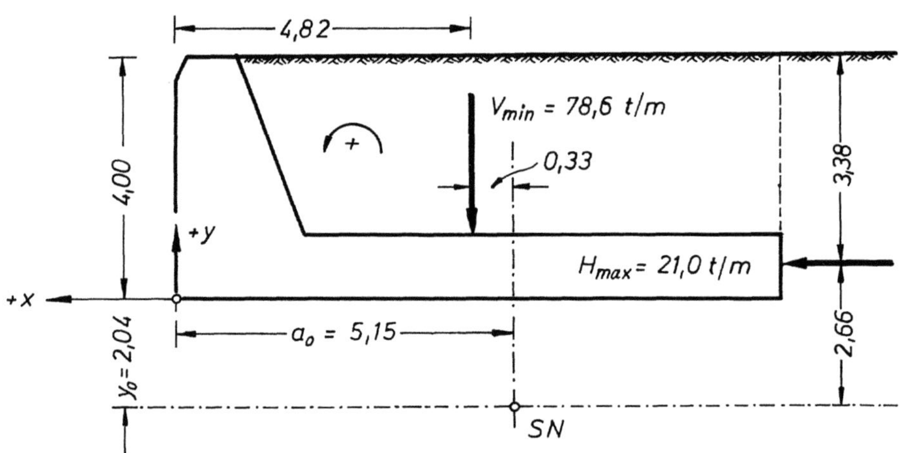

$$M_3 = 78,6 \cdot 0,33 + 21,0 \cdot 2,66 = 25,94 + 55,86 = 81,80\ tm/m$$

Abb. 4.16 Ermittlung der Momente um den
Systemnullpunkt.

Tabelle 4.7 Ermittlung der Pfahlkräfte nach Gl. (4.45).
V_{max} = 115,6 t/m, H_{max} = 21,0 t/m, M = 88,23 tm/m.

<u>Lastfall 1</u>

Pfahl Nr.	C_V C_H C_M	$V \cdot C_V$ $H \cdot C_H$ $M \cdot C_M$	$Q \cdot \cos\alpha$	$\cos\alpha$	Q	j	Q_{vorh}
—	—	t/m	t/m	—	t/m	m	t
1	+ 0,234 − 0,235 + 0,109	+ 27,05 − 4,94 + 9,62	+31,73	1,000	+31,73	1,50	+47,60
2	+ 0,234 − 0,235 + 0,076	+ 27,05 − 4,94 + 6,71	+28,82	1,000	+28,82	1,50	+43,23
3	+ 0,132 + 0,864 − 0,032	+ 15,26 + 18,14 − 2,82	+30,58	0,949	+32,22	1,50	+48,33
4	+ 0,132 + 0,864 − 0,062	+ 15,26 + 18,14 − 5,47	+27,93	0,949	+29,43	1,50	+44,15
5	+ 0,268 − 1,271 − 0,062	+ 30,98 − 26,69 − 5,47	− 1,18	0,949	− 1,24	1,50	− 1,86

Tabelle 4.8 Ermittlung der Pfahlkräfte nach Gl. (4.45).
V_{min} = 78,6 t/m, H_{max} = 21,0 t/m, M = 81,80 tm/m.
Lastfall 3

Pfahl Nr.	C_V / C_H / C_M	$V \cdot C_V$ / $H \cdot C_H$ / $M \cdot C_M$	$Q \cdot \cos\alpha$	$\cos\alpha$	Q	j	Q_{vorh}
—	—	t/m	t/m	—	t/m	m	t
1	+0,234 -0,235 +0,109	+18,39 - 4,94 + 8,92	+22,37	1,000	+22,37	1,50	+33,56
2	+0,234 -0,235 +0,076	+18,39 - 4,94 + 6,22	+19,67	1,000	+19,67	1,50	+29,51
3	+0,132 +0,864 -0,032	+10,38 +18,14 - 2,62	+25,90	0,949	+27,29	1,50	+40,94
4	+0,132 +0,864 -0,062	+10,38 +18,14 - 5,07	+23,45	0,949	+24,71	1,50	+37,07
5	+0,268 -1,271 -0,062	+21,06 -26,69 - 5,07	-10,70	0,949	-11,28	1,50	-16,92

Ergebnisse

Tabelle 4.9 Vergleich der Rechenergebnisse nach
CULMANN und NÖKKENTVED.

Pfahl Nr.	Pfahlkräfte nach CULMANN		Pfahlkräfte nach NÖKKENTVED		zulässige Pfahlkräfte
	Lastfall 1	Lastfall 3	Lastfall 1	Lastfall 3	
—	t	t	t	t	t
1	+ 45	+ 29	+ 48	+ 34	+ 50
2	+ 45	+ 29	+ 43	+ 30	+ 50
3	+ 45	+ 42	+ 48	+ 41	+ 50
4	+ 45	+ 42	+ 44	+ 37	+ 50
5	− 3	− 12	− 2	− 17	− 12

Der Vergleich der vorhandenen Pfahlkräfte mit den zulässigen Pfahlkräften (Tab. 4.9) zeigt, daß beim Lastfall 3 die Pfahlzugkraft im Pfahl 5 um 5,0 t über der zulässigen Pfahlzugkraft liegt. Diese Überschreitung ist unzulässig hoch.

Die genauere Nachrechnung nach NÖKKENTVED zeigt also, daß ein Zugpfahl nicht ausreichen wird, um die Zugkräfte mit der erforderlichen Sicherheit aufzunehmen. Es müssen zwei Zugpfähle angeordnet werden. Analog zu dem hier gegebenen Anwendungsbeispiel ist dann ein neuer Nachweis im verbesserten System zu führen.

<u>Aufgabe 24</u>   Ermittlung der Pfahlkräfte einer Pfahlgruppe
unter ausmittigen lotrechten Lasten nach KAVNATSKII

Eine Bauwerkstütze muß wegen schlechter Bodenverhältnisse auf Pfählen gegründet werden. Die zulässige Pfahldruckkraft ist für Stahlbetonpfähle (30 x 30) Q_{zul} = 30 t. Die Rostplatte wird ausmittig lotrecht belastet (Abb. 4.17). Die Last beträgt V = 130 t. Die Ausmittigkeit ist in positiver x-Richtung e_x = 21 cm und in positiver y-Richtung e_y = 12 cm.

Wie viele Pfähle müssen vorgesehen werden, und wie werden sie am zweckmäßigsten angeordnet?

Grundlagen

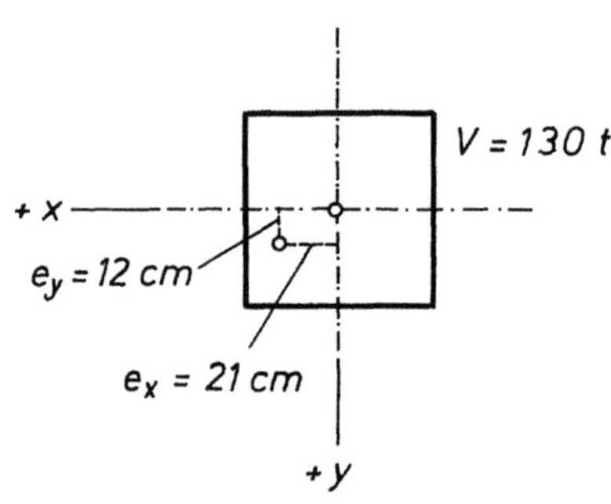

Abb. 4.17 Stützenquerschnitt und Ausmittigkeit.

Für ausmittig lotrecht belastete Stützenfundamente hat KAVNATSKII (1966) für verschiedene. Arten von Pfahlrosten Diagramme aufgestellt, mit deren Hilfe schnell die vorhandenen Pfahlkräfte oder, ausgehend von der zulässigen Pfahlkraft, Anzahl und Anordnung der Pfähle in einem Pfahlrost festgestellt werden können.

KAVNATSKII geht von der Näherung aus, daß die Rostplatte vollkommen starr ist, und bekommt aus der bekannten Beziehung der technischen Biegelehre:

$$Q = \frac{V}{n} + \frac{M_x}{W_x} + \frac{M_y}{W_y} \qquad (t) \qquad (4.46)$$

V   = rechnerische vertikale Belastung des Fundamentes in t

M_x, M_y = Biegemomente in der Pfahlkopfebene in tm

n   = Anzahl der Pfähle in einem Pfahlrost

W_x = Widerstandsmoment in der Pfahlkopfebene, bezogen auf die x-Achse, in m^3

W_y = Widerstandsmoment in der Pfahlkopfebene, bezogen
auf die y-Achse, in m^3

Es ist:

$$W_x = \frac{\sum \Delta F \cdot y_i^2}{y} \qquad (m^3)$$

$$W_y = \frac{\sum \Delta F \cdot x_i^2}{x} \qquad (m^3)$$

Nimmt man ΔF als sehr klein gegenüber der Rostplatte
an, so kann man näherungsweise schreiben:

$$(W_x) = \frac{\sum y_i^2}{y} \qquad (m)$$

$$(W_y) = \frac{\sum x_i^2}{x} \qquad (m)$$

und erhält in der Gl. (4.46) die Pfahlkräfte in der richti-
gen Dimension.

Die Gl. (4.46) kann auch in folgender Form geschrieben
werden:

$$Q = \frac{V}{n} + \frac{M}{W_x} \qquad (t) \tag{4.47}$$

$$M = M_x + k \cdot M_y \qquad (tm) \tag{4.48}$$

$$k = \frac{W_x}{W_y} \tag{4.49}$$

In den Abb. 4.23 bis 4.26 hat KAVNATSKII für verschiedene Werte von W_x und W_y die Einflußwerte:

$$V\!\!\Big/Q_{zul} \tag{4.50}$$

$$M\!\!\Big/a \cdot Q_{zul} \tag{4.51}$$

ermittelt. Abb. 4.24 enthält die Daten für quadratische
Fundamente und Abb. 4.26 die Daten für rechteckige Fundamente.

Lösung

$$M_x = V \cdot e_x = 130,0 \cdot 0,21 = 27,3 \text{ tm}$$

$$M_y = V \cdot e_y = 130,0 \cdot 0,12 = 15,6 \text{ tm}$$

Nach Gl. (4.50) ist:

$$\frac{V}{Q_{zul}} = \frac{130}{30} = 4,33$$

Wählt man ein quadratisches Fundament, so ist mit Gl. (4.48):

$$M = M_x + M_y = 27,3 + 15,6 = 42,9 \text{ tm}$$

Wählt man den Pfahlabstand a = 1 m, so ist mit Gl.(4.51):

$$\frac{M}{a \cdot Q_{zul}} = \frac{42,9}{1 \cdot 30} = 1,43$$

Der Abb. 4.24 entnimmt man, daß die günstigste Anordnung der Pfähle zwischen den beiden Pfahlbildern II und III zu suchen ist.

Wählt man versuchsweise das Pfahlbild II, so muß der Pfahlabstand vergrößert werden. Mit :

$$V/Q_{zul} = 4,33$$

und Pfahlbild II ist nämlich:

$$\frac{M}{a \cdot Q_{zul}} = 0,4$$

und infolgedessen:

$$a = \frac{42,9}{0,4 \cdot 30} = 3,57 \, m$$

Das Pfahlbild II ergibt in diesem Anwendungsbeispiel einen zu großen Pfahlabstand.

Wählt man versuchsweise das Pfahlbild III, so ist:

$$V/Q_{zul} = 4,33 \qquad \text{und} \qquad M/a \cdot Q_{zul} = 3,1$$

und infolgedessen:

$$a = \frac{42,9}{30 \cdot 3,1} = 0,45 \, m$$

Das Pfahlbild III ergibt in diesem Anwendungsbeispiel
einen zu kleinen Pfahlabstand. Es ist in diesem Falle besser,
einen rechteckigen Grundriß nach Abb. 4.26 zu wählen.

Mit k = 1,33 und Gl. (4.48) ist:

$$M = M_x + k\,M_y = 27,3 + 1,33 \cdot 15,6 = 48,05 \text{ tm.}$$

Wählt man das Pfahlbild VIII, so ist mit:

$$\frac{V}{Q_{zul}} = 4,33$$

$$\frac{M}{a \cdot Q_{zul}} = 1,2$$

Daraus ergibt sich der günstigste Pfahlabstand von:

$$a = \frac{48,0}{1,2 \cdot 30} \cong 1,40\ m$$

Abb. 4.18 zeigt die Anzahl und Anordnung der Pfähle, die
unter der gegebenen Belastung erforderlich sind.

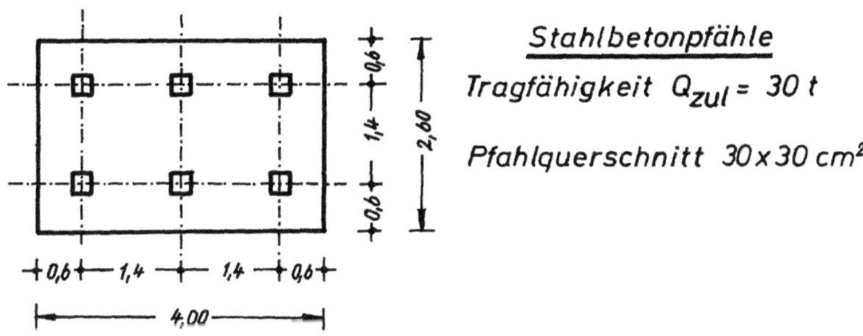

Abb. 4.18   Anzahl und Anordnung der Pfähle.

Ergebnisse

Wie das Anwendungsbeispiel zeigt, muß zwischen verschiedenen Pfahlbildern gewählt werden, um einen günstigen Pfahlabstand zu bekommen. Der Pfahlabstand muß so gewählt werden,
daß einerseits die bereits gerammten Pfähle die Rammarbei-
ten nicht behindern und andererseits die Rostplatte nicht
zu groß wird. Als Richtwert kann für die Pfähle der
Tab. 4.16 und für übliche Stahlpfähle ein Abstand von

a = 1,20 m bis a = 1,60 m angenommen werden. Auch sollte
man versuchen, möglichst keine Zugbeanspruchung in den
Pfählen zu erzeugen, indem zu wenige Pfähle oder ein zu un-
günstiges Pfahlbild gewählt werden.

Die Abb. 4.24 und 4.26 enthalten daher auch die Grenzlinie, bei deren Überschreitung ein Teil der Pfähle auf Zug
beansprucht wird. Von dieser Grenzlinie ist hinreichender
Abstand zu halten.

Die Diagramme von KAVNATSKII stellen eine wertvolle
Hilfe zum schnellen Entwurf von Pfahlrosten unter ausmittigen lotrechten Lasten dar, wenn die Pfähle lotrecht
gerammt werden. Im allgemeinen genügt es, die Pfahlkräfte
nach diesem Verfahren zu bestimmen und nachzuweisen, daß
keine Pfahlzugkräfte auftreten.

Wenn in besonderen Fällen ein genauerer Nachweis ver-
langt wird, so muß die Berechnung unter Berücksichtigung
der elastischen Formänderungen nach dem Verfahren von
NÖKKENTVED (Aufgabe 23) durchgeführt werden. Aber auch
dann kann der Pfahlrost zunächst unter Verwendung der Diagramme von KAVNATSKII entworfen werden und wird meistens
die Bedingungen der genaueren Berechnung erfüllen. Wenn
in speziellen Fällen Pfahlzugkräfte zugelassen werden, so
ist die Lösung allerdings nur nach dem Verfahren von
NÖKKENTVED oder anderen Verfahren ähnlicher Art möglich,
da nach den Diagrammen von KAVNATSKII Pfahlzugkräfte nicht
berücksichtigt werden können.

Aufgabe 25   Untersuchung der Grundbruchsicherheit
eines Pfahlrostbauwerkes

Für das Pfahlrostbauwerk der Aufgabe 22 ist die Grund-
bruchsicherheit nachzuweisen. Die Pfahlkräfte können der
Tab. 4.7 entnommen werden. Die untere Auflagerkraft der
Spundwand beträgt H_u = 17,6 t/m und greift 0,8 m unter der
Gewässersohle an. Das Raumgewicht des Bodens unter Wasser
ist γ_α = 0,9 t/m^3.

Ist die Grundbruchsicherheit gewährleistet, und wie
groß ist sie?

Grundlagen

Die Grundbruchsicherheit eines Pfahlrostbauwerkes, ähnlich dem der Abb. 4.19, kann unter den gleichen Gesichts-
punkten nachgewiesen werden, die im Abschnitt 2 beschrieben
und angewendet worden sind.

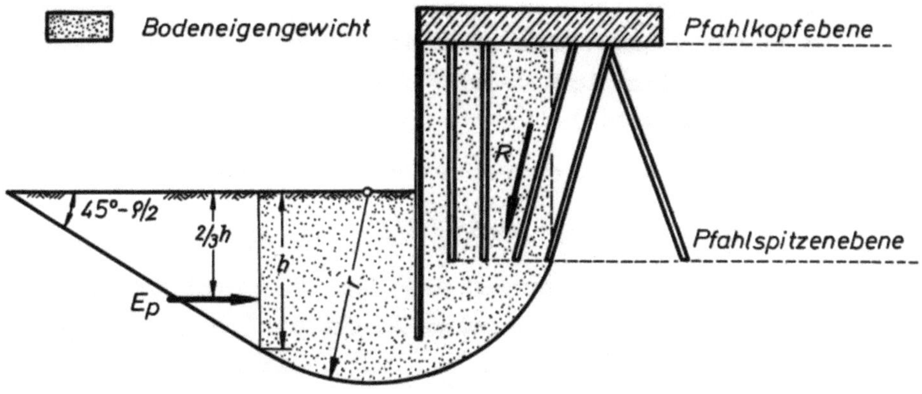

Abb. 4.19 Nachweis der Grundbruchsicherheit unter
           einem Pfahlrostbauwerk.

Man setzt den Widerstand, der infolge von Kohäsion und
Bodenreibung in einer gewählten Kreiszylinderfläche entsteht, in Bezug zu den angreifenden äußeren Lasten. Auch
hier muß der kritische Gleitkreis durch Versuche gefunden
werden. Nach KREY (1939) ist die Grundbruchsicherheit angenähert:

$$\eta = \frac{r \cdot \sin \varrho}{e} \qquad\qquad (4.52)$$

r = gewählter Radius des Gleitkreises in m

ϱ = Reibungswinkel des Bodens

e = Abstand der Resultierenden aller angreifenden
     äußeren Kräfte vom Kreismittelpunkt in m

Die angreifenden äußeren Kräfte sind:

a) Pfahldruckkräfte

b) Gewicht des Bodens zwischen den Druckpfählen und innerhalb des Gleitkreises

c) unterer Auflagerdruck der Spundwand H_u

d) passiver Erddruck E_p (siehe Abb. 4.20)

Lösung

In der Abb. 4.20 ist ein Gleitkreis mit dem Radius r = 7,5 m gewählt, außerdem sind die Kräfte, die an diesem Gleitkreis angreifen, und deren Hebelarme in bezug auf den Nullpunkt eingetragen.

Der passive Erddruck errechnet sich nach der Gl. (3.11):

$$E_p = \frac{\gamma \cdot h^2}{2} \cdot tg^2 \left(45° + \varphi/2 \right) \qquad t/m$$

Die Pfahldruckkräfte wurden der Tab. 4.7 entnommen. In Abb. 4.21 wurde die resultierende Kraft aus dem Bodeneigengewicht zwischen den Druckpfählen und innerhalb des Gleitkreises ermittelt. Sie beträgt G = 110·0,9 = 99,0 t/m.

Aus der Tabelle in Abb. 4.21 entnimmt man auch das resultierende Moment in bezug auf den Nullpunkt. Es ist:

$$M = 224,60 \cdot 0,9 = 202,14 \ tm/m.$$

In der Abb. 4.22 wurden schließlich die Größe und Lage der Resultierenden R aller Kräfte im Krafteck ermittelt.

Dividiert man die Summe aller Momente um den Nullpunkt durch die Resultierende R, so erhält man den Hebelarm:

$$e = 3,19 \ m.$$

Mit diesem Hebelarm e wurde nach der Gl. (4.52) die Grundbruchsicherheit bestimmt (Abb. 4.22). Sie beträgt:

$$\eta = 1,03 < 1,30$$

Ergebnisse

Die Untersuchung der Grundbruchsicherheit zeigt, daß der erforderliche Wert von $\eta = 1,3$ nicht erreicht werden kann.

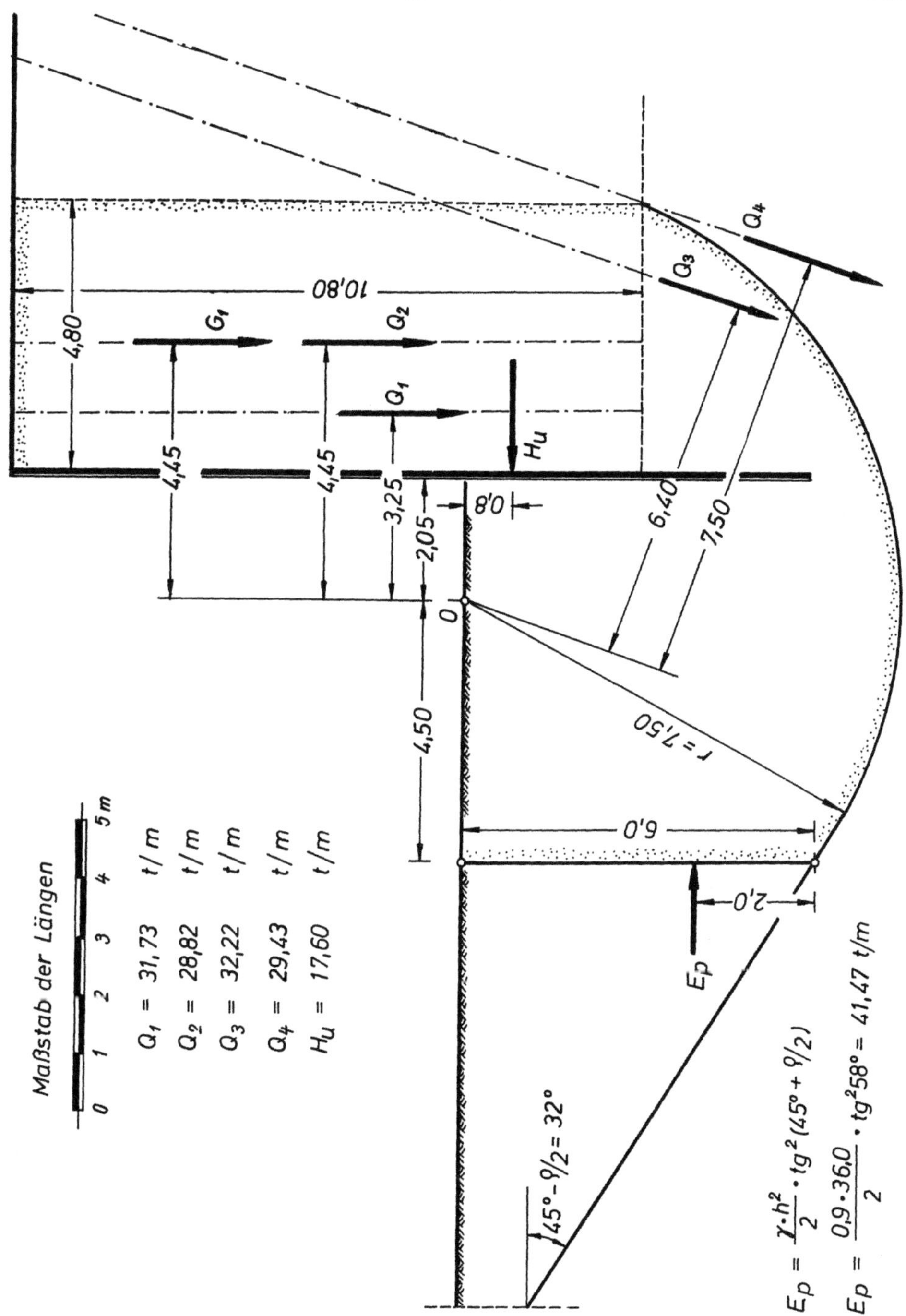

$$E_p = \frac{\gamma \cdot h^2}{2} \cdot \mathrm{tg}^2\left(45^\circ + \frac{\varphi}{2}\right)$$

$$E_p = \frac{0{,}9 \cdot 36{,}0}{2} \cdot \mathrm{tg}^2 58^\circ = 41{,}47 \ t/m$$

Abb. 4.20 Gleitkreis und angreifende Kräfte.

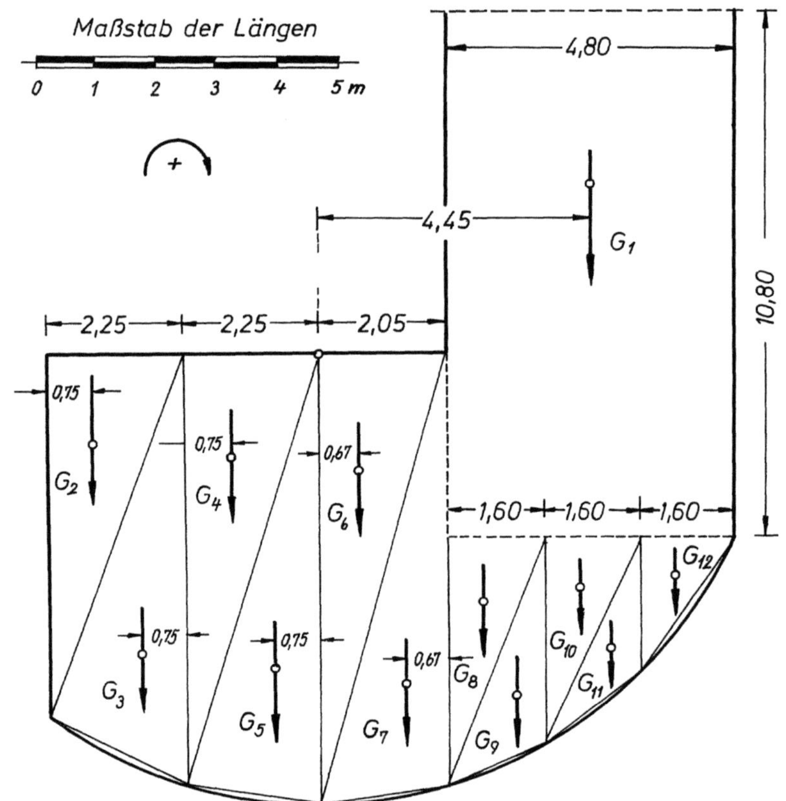

Erdkeil	Breite	Höhe	Fläche	Hebelarm	Moment
	m	m	m²	m	m²·m
G_1	4,80	10,80	51,80	4,45	+ 231,00
G_2	2,25	6,00	6,75	3,75	− 25,30
G_3	2,25	7,10	8,00	3,00	− 24,00
G_4	2,25	7,10	8,00	1,50	− 12,00
G_5	2,25	7,45	8,40	0,75	− 6,30
G_6	2,05	7,45	7,65	0,67	+ 5,10
G_7	2,05	7,15	7,30	1,37	+ 10,00
G_8	1,60	4,10	3,30	2,58	+ 8,50
G_9	1,60	3,30	2,65	3,11	+ 8,20
G_{10}	1,60	3,30	2,65	4,18	+ 11,10
G_{11}	1,60	2,20	1,75	4,71	+ 8,20
G_{12}	1,60	2,20	1,75	5,78	+ 10,10
			Summe: 110,00	Summe:	224,60

$$G = 110{,}0 \cdot 0{,}9 = 99{,}0 \ t/m, \qquad M = 224{,}6 \cdot 0{,}9 = 202{,}14 \ tm/m$$

Abb. 4.21 Ermittlung der Kräfte aus dem
Bodeneigengewicht.

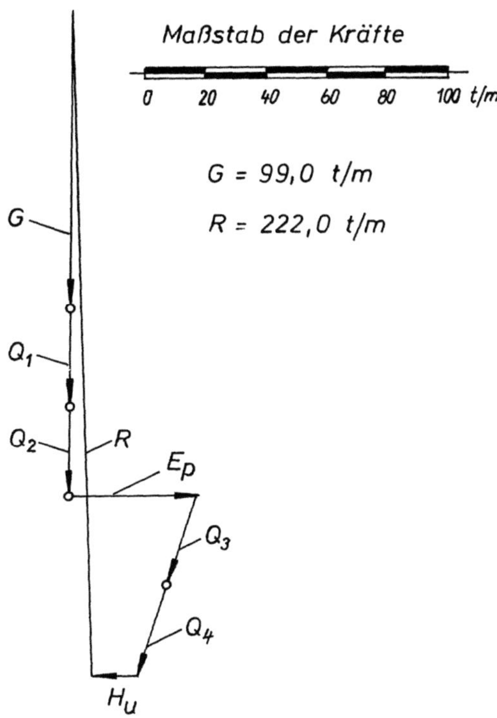

Abb. 4.22   Ermittlung der Lage und Größe der
resultierenden Kraft R.

$$R \cdot e \;=\; \sum M \;=\; 224,6 \cdot 0,9 \;-\; 41,47 \cdot 4,0 \;+\; 17,60 \cdot 0,8 \;+\; 31,73 \cdot 3,25 \;+$$

$$+\; 28,82 \cdot 4,45 \;+\; 32,22 \cdot 6,40 \;+\; 29,43 \cdot 7,50$$

$$R \cdot e \;=\; 202,14 \;-\; 165,88 \;+\; 14,08 \;+\; 103,12 \;+\; 128,25 \;+\; 206,21 \;+\; 220,73$$

$$R \cdot e \;=\; 708,65 \; tm/m, \qquad e = \frac{708,65}{222,0} = 3,19$$

$$\eta \;=\; \frac{7,50 \cdot 0,44}{3,19} \;=\; 1,03 \;<\; 1,30$$

Die Grundbruchsicherheit ist nicht gewährleistet.

Die genauere Berechnung der Pfahlkräfte in der Aufgabe 23
hat außerdem ergeben, daß auch die vorgeschlagene Anzahl
von Pfählen nicht ausreichend ist. Der Pfahlrost ist also
anders zu entwerfen.

Das Anwendungsbeispiel zeigt deutlich, wie unsicher das
Rechenergebnis sein kann, wenn es allein nach dem Verfahren
von CULMANN ermittelt wird. Das Verfahren von CULMANN sollte
daher nur als Hilfmittel für den Entwurf dienen. Die genauere Berechnung ist dagegen möglichst immer nach dem
Muster dieser Aufgabe und der Aufgabe 23 durchzuführen.

4.2 Berechnungstafeln und Zahlenwerte

Tabelle 4.10 Stoßziffern zur Ermittlung der
Tragfähigkeit von Rammpfählen (nach SCHENK 1951).

Pfahlart	Rammhaube	Stoßziffer k
Stahlpfähle	Verwendung einer stählernen Rammplatte.....	0,6
	Rammhaube mit Hartholzfutter..........	0,5
Stahlbetonpfähle	Rammhaube mit Holzfutter oder Strohpolster	0,3
Holzpfähle	wenn der Pfahlkopf nicht aufgestaucht ist	0,5

Tabelle 4.11 Übliche Bärgewichte und Fallhöhen
(nach SCHULTZE/MUHS 1967).

Pfahlart	Bärgewicht (t)	Fallhöhe in m bei:		
		Freifallbären	unmittelbar wirkende Dampfbären	Dieselbären
Holzpfähle und Holzspundbohlen Länge: 6 - 12 m......	0,5 - 1,2	0,8 - 3,0	0,6 - 1,2	2,30
Holzpfähle Länge: 13 - 22 m	1,2 - 2,7	0,8 - 3,0	0,6 - 1,2	2,30
Stahlbetonpfähle und Bohlen Länge: 6 - 12 m......	1,8 - 4,5	0,6 - 0,8	0,6 - 0,8	2,30
Stahlbetonpfähle Länge: 13 - 24 m.....	4,0 - 6,0	0,6 - 0,8	0,6 - 0,8	2,30
Stahlpfähle und Bohlen Länge: 6 - 15 m......	0,8 - 2,7	0,8 - 3,0	0,6 - 1,2	2,30
Stahlpfähle und Bohlen Länge: 16 - 30 m.....	1,8 - 6,0	0,8 - 3,0	0,6 - 1,2	2,30

Tabelle 4.12 Elastische Zusammendrückung C_1 in der Rammformel von HILEY (nach CHELLIS 1951).

Material, das dem Rammstoß ausgesetzt ist	Leichte Rammung $p_1 = 500\ lb/sq.inch$[1]	Mittlere Rammung $p_1 = 1000\ lb/sq.inch$	Schwere Rammung $p_1 = 1500\ lb/sq.inch$	Sehr schwere Rammung $p_1 = 2000\ lb/sq.inch$
	auf Rammhaube oder Pfahlkopf			
	in.	in.	in.	in.
Kopf eines Holzpfahles	0,05	0,10	0,15	0,20
3 - 4 in.-Futter in der Rammhaube auf Betonfertigpfählen..............	0,12	0,25	0,37	0,50
0,5 - 1,0 in.-Strohmatte auf Betonfertigpfählen.................	0,025	0,05	0,075	0,10
Stahlhaube mit Holzfutter auf Stahlpfählen...	0,04	0,08	0,12	0,16
3/16 in.-Fiberglasschicht zwischen 3/8 in.-Stahlplatten auf Monotube-Pfählen.......	0,02	0,04	0,06	0,08
Kopf eines Stahlpfahles	0	0	0	0

1 lb/sq.in. = 0,07031 kg/cm^2 [1] Siehe Anmerkungen am Ende der Tab. 4.14.

1 in.   = 2,54 cm

Tabelle 4.13 Elastische Zusammendrückung C_2 in der Rammformel von HILEY (nach CHELLIS 1951).

Pfahlart	Leichte Rammung $p_2 = 500\ lb/sq.inch$[1]	Mittlere Rammung $p_2 = 1000\ lb/sq.inch$	Schwere Rammung $p_2 = 1500\ lb/sq.inch$	Sehr schwere Rammung $p_2 = 2000\ lb/sq.inch$
	für Beton- oder Holzpfähle			
	7500 lb/sq.inch	15000 lb/sq.inch	22500 lb/sq.inch	30000 lb/sq.inch
	für den effektiven Stahlquerschnitt von Stahlpfählen			
	in.	in.	in.	in.
Holzpfahl E = 1 500 000 lb/sq.in.	0,004·L	0,008·L	0,012·L	0,016·L
Betonfertigpfahl E = 3 000 000 lb/sq.in.	0,002·L	0,004·L	0,006·L	0,008·L
Spundwände, Simplex-pfähle, Rohrpfähle, Monotube-Pfähle und Raymondpfähle E = 30 000 000 lb/sq.in.	0,003·L	0,006·L	0,009·L	0,012·L

1 lb/sq.in. = 0,07031 kg/cm^2 [1] Siehe Anmerkungen am Ende der Tab. 4.14.

1 in. = 2,54 cm

Tabelle 4.14 Elastische Zusammendrückung C_3 in der
Rammformel von HILEY (nach CHELLIS 1951).

Pfahlart	Leichte Rammung $p_3 = 500\ lb/sq.inch$[1]	Mittlere Rammung $p_3 = 1000\ lb/sq.inch$	Schwere Rammung $p_3 = 1500\ lb/sq.inch$	Sehr schwere Rammung $p_3 = 2000\ lb/sq.inch$
	in.	in.	in.	in.
Für alle Pfähle mit konstantem Querschnitt	0 — 0,10	0,10	0,10	0,10

[1]Anmerkungen zu den Tab. 4.12, 4.13 und 4.14:

$p_1 = \dfrac{R_u}{A}$ =   Spannung in lb/sq.in. am Pfahlkopf

$p_2 = \dfrac{R_u}{A_p}$ =   Spannung in lb/sq.in. des mittleren Pfahlquerschnittes
A_p = mittlerer Pfahlquerschnitt

$p_3 = \dfrac{R_u}{A_t}$ =   Spannung in lb/sq.in. am Pfahlfuß
A_t = mittlerer Querschnitt des Pfahlfußes

L =   Länge des Pfahles vom Kopf bis zum Mittelpunkt des Rammwiderstandes in in.
(nicht immer die volle Länge des Pfahles)

1 lb/sq.in.=   0,07031 kg/cm^2

1 in.   =   2,54 cm

Tabelle 4.15a Übliche Werte der Mantelreibung in kg/cm^2
(nach SCHENK 1951).

| Bodenart | Rammtiefe (m) | Mittlere Mantelreibung q_m in kg/cm^2 | | | |
| | | Stahlpfähle | | Stahlbeton-pfähle | Holzpfähle |
		Kastenform offen	Trägerform		
<u>Nichtbindige</u> <u>Böden</u>					
Feinsand........	3,0 – 4,0	0,40 – 0,50	-----	0,40 – 0,50	0,40 – 0,60
	über 4,0	0,50 – 0,80	0,40 – 0,80	0,50 – 0,70	0,60 – 1,10
Mittelsand.....	3,0 – 4,0	0,30 – 0,40	-----	0,40 – 0,50	0,40 – 0,60
	über 4,0	0,40 – 0,70	0,30 – 0,70	0,50 – 0,70	0,60 – 1,10
Grobsand bis Kies..........	3,0 – 4,0	0,30 – 0,40	-----	0,40 – 0,50	0,40 – 0,60
	über 4,0	0,40 – 0,70	0,30 – 0,60	0,50 – 0,70	0,60 – 1,10
<u>Bindige</u> <u>Böden</u>					
Weicher Ton....	-----	0,15 – 0,25	0,15 – 0,25	0,15 – 0,25	0,15 – 0,25
Weicher Lehm...	-----	0,15 – 0,25	0,15 – 0,25	0,15 – 0,25	0,15 – 0,25
Weicher Klei...	-----	0,15 – 0,25	0,15 – 0,25	0,15 – 0,25	0,15 – 0,25
Steifer Ton....	-----	0,30 – 0,45	0,30 – 0,45	0,30 – 0,45	0,30 – 0,45
Sandiger Klei..	-----	bis 0,50	bis 0,50	bis 0,50	bis 0,50
Halbfester Mergel.........	-----	0,50 – 0,55	0,50 – 0,55	0,50 – 0,55	0,50 – 0,55

Tabelle 4.15b   Übliche Werte des Spitzenwiderstandes in kg/cm² (nach SCHENK 1951).

Bodenart	Rammtiefe (m)	Spitzenwiderstand q_S in kg/cm²			
		Stahlpfähle		Stahlbeton-pfähle	Holzpfähle
		Kastenform offen	Trägerform		
<u>Nichtbindige Böden</u>					
Feinsand........	3,0 – 4,0	30 – 40	-----	45 – 65	45 – 65
	über 4,0	50 – 70	30 – 50	70 – 120	70 – 100
Mittelsand......	3,0 – 4,0	30 – 40	-----	45 – 65	45 – 65
	über 4,0	50 – 70	30 – 50	70 – 120	70 – 100
Grobsand bis Kies...........	3,0 – 4,0	30 – 40	-----	45 – 65	45 – 65
	über 4,0	50 – 70	30 – 50	70 – 120	70 – 100
<u>Bindige Böden</u>		nicht zulässig			

Tabelle 4.16 Richtwerte für die zulässige Druckkraft von Rammpfählen (nach DIN 1054).

Baustoff	Querschnitt oder mittlerer Durchmesser	zulässige Druckkraft
	cm	t
Holz.........	⌀ 30	33
Holz.........	⌀ 35	38
Holz.........	⌀ 40	45
Stahlbeton	30 x 30	40
Stahlbeton	35 x 35	48
Stahlbeton	40 x 40	55

Bezeichnung	Pfahlbild	$W_x = W_y$
I n = 4	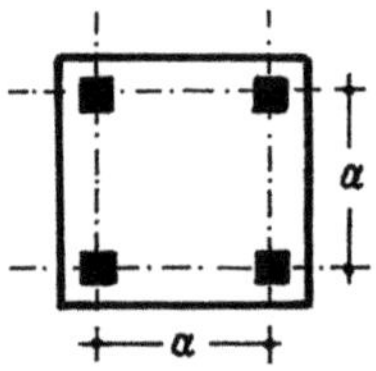	$2a$
II n = 5	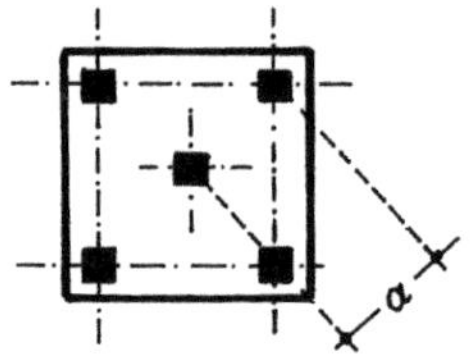	$2,8a$
III n = 9	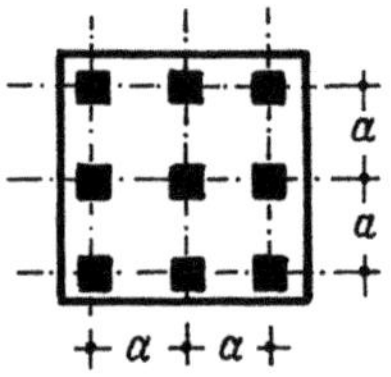	$6a$
IV n = 13	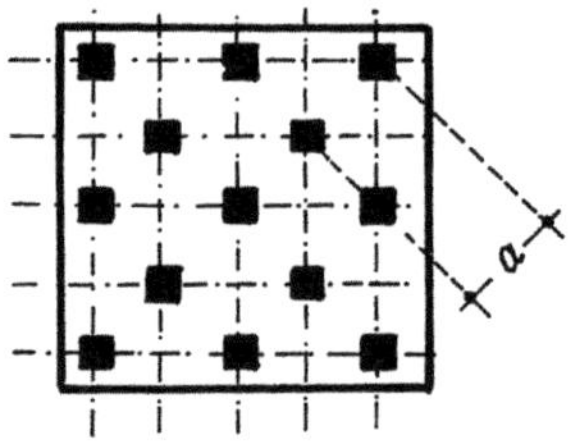	$9,9a$
V n = 16	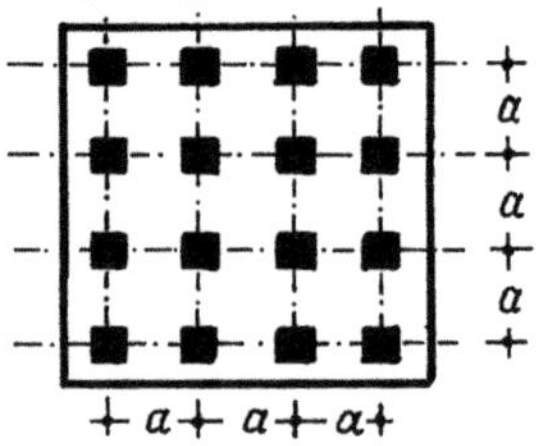	$13,3a$

Abb. 4.23 Pfahlbilder für die Berechnung von
Pfahlgruppen (nach KAVNATSKII 1966).

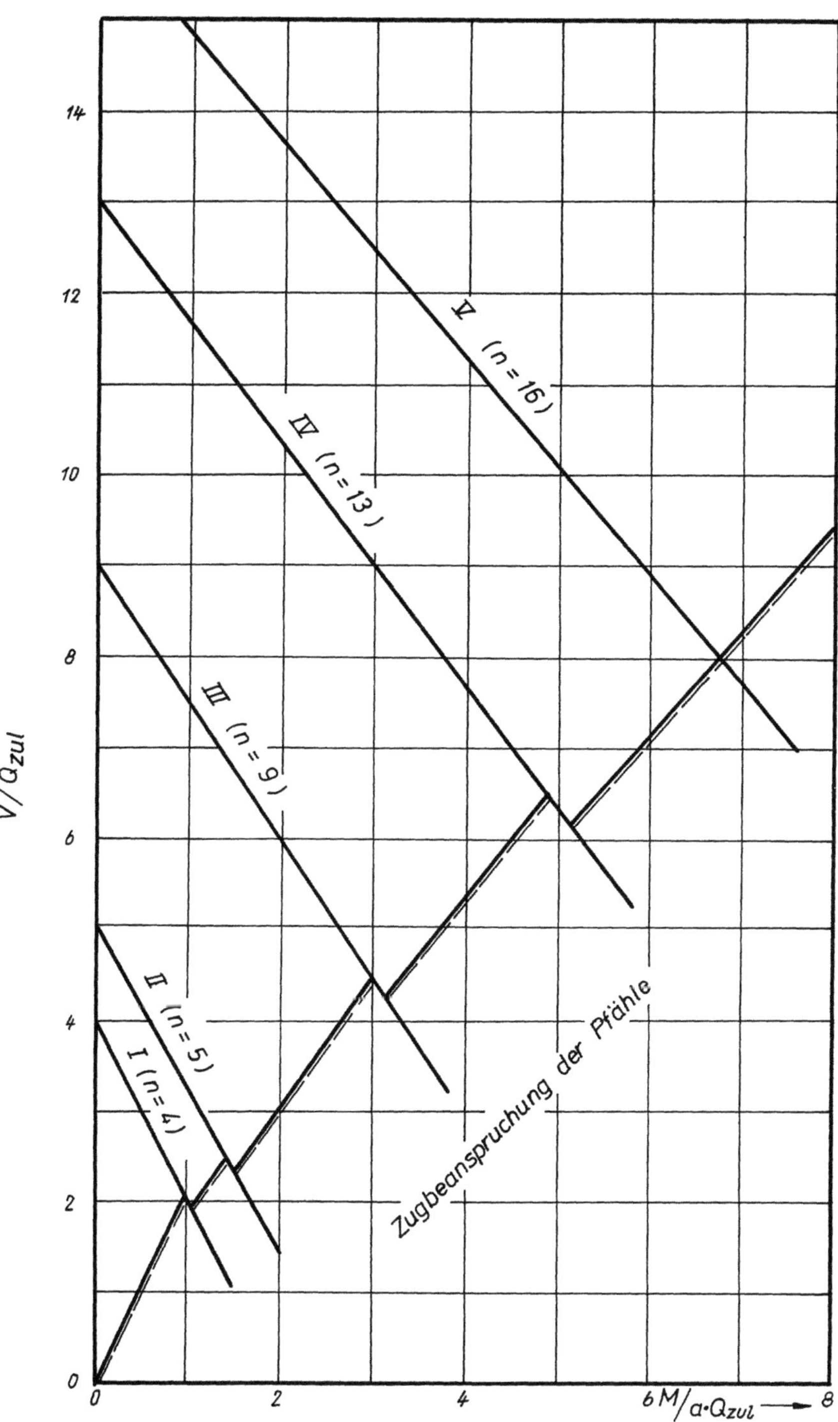

Abb. 4.24 Einflußwerte für ausmittig lotrecht belastete Pfahlgruppen (nach KAVNATSKII 1966).

Bezeichnung	Pfahlbild	W_x	W_y	$k = \dfrac{W_x}{W_y}$
VI $n = 4$	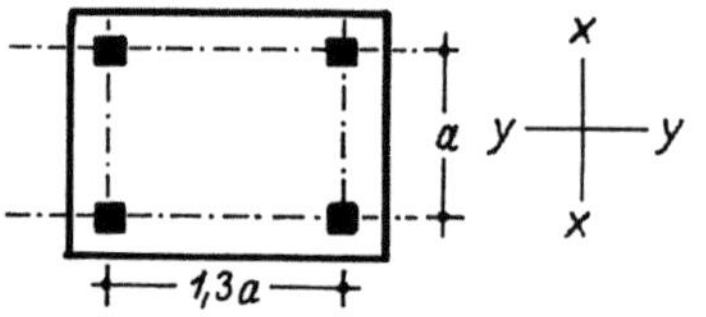	$2{,}6a$	$2a$	$1{,}3$
VII $n = 5$	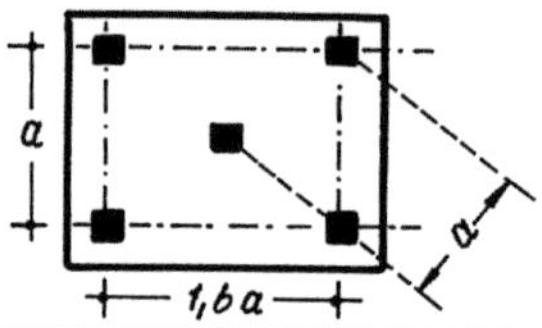	$3{,}2a$	$2{,}4a$	$1{,}33$
VIII $n = 6$	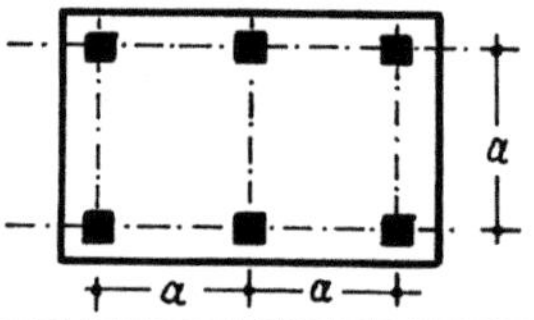	$4a$	$3a$	$1{,}33$
IX $n = 9$	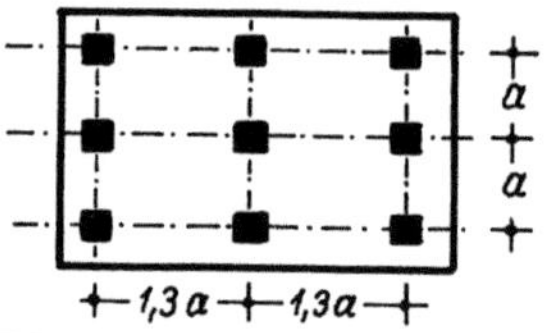	$7{,}8a$	$6a$	$1{,}3$
X $n = 12$	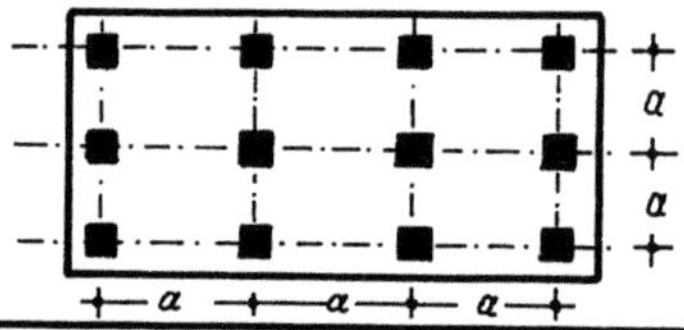	$10a$	$8a$	$1{,}25$
XI $n = 16$	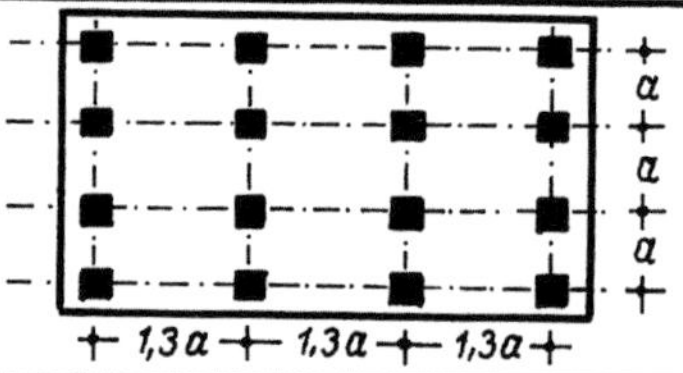	$17{,}3a$	$13{,}3a$	$1{,}3$

Abb. 4.25 Pfahlbilder für die Berechnung von
Pfahlgruppen (nach KAVNATSKII 1966).

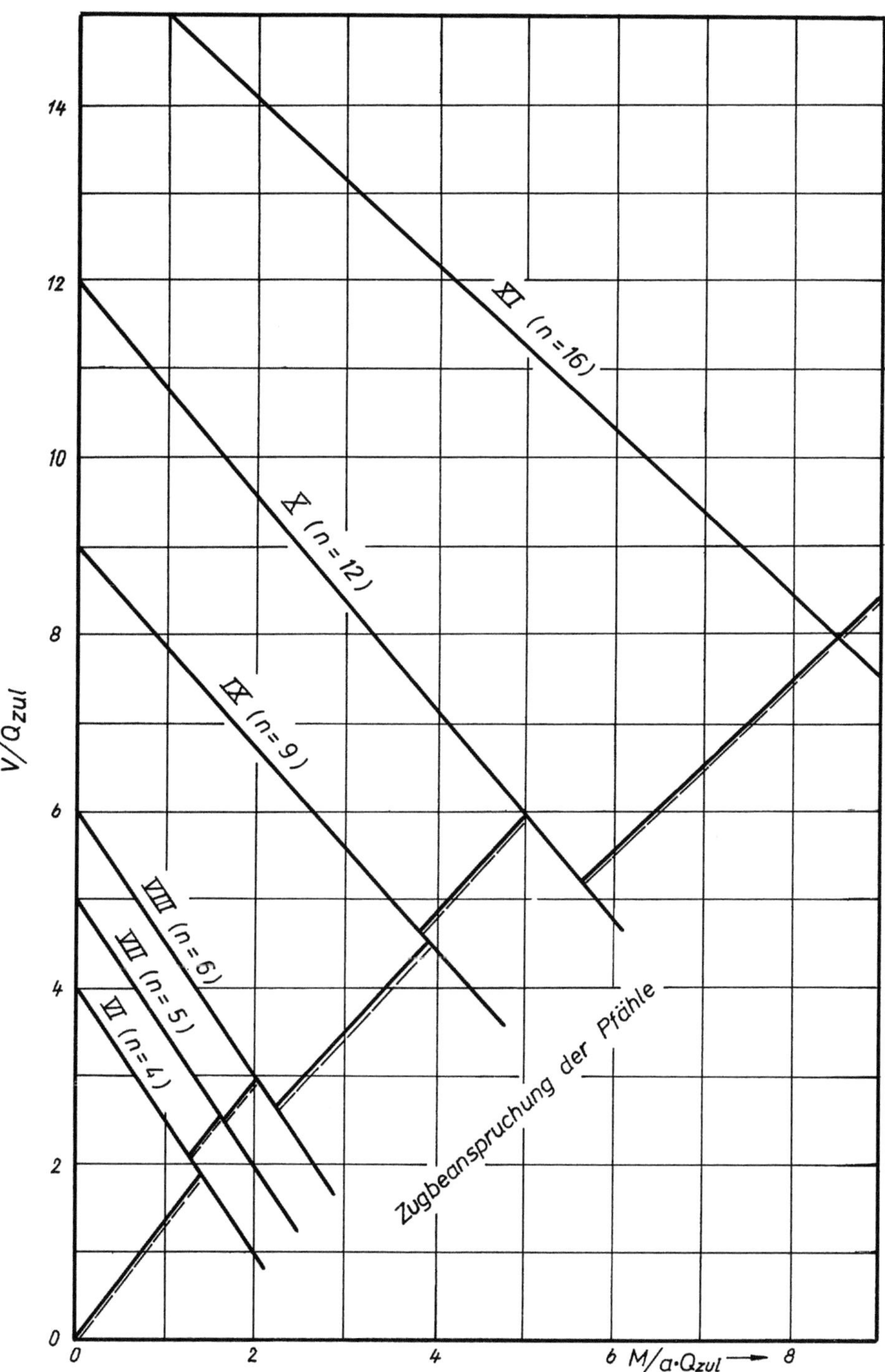

Abb. 4.26 Einflußwerte für ausmittig lotrecht belastete Pfahlgruppen (nach KAVNATSKII 1966).

4.3 Literatur

CULMANN (1866) Die graphische Statik. Zürich.

NÖKKENTVED (1928) Berechnung von Pfahlrosten. Berlin.

HEDDE (1929) Einflußlinien zur statischen Untersuchung
    der Grundbauwerke. Der Bauingenieur 10, S. 1.

RAUSCH (1930) Zur Frage der Tragfähigkeit von Rammpfählen.
    Der Bauingenieur 11, S. 514.

HILEY (1930) Pile driving calculations with notes on
    driving forces and ground resistance. The Structural
    Engineer 8.

KOMAROWSKI (1930) Zur Frage der Tragfähigkeit hölzerner
    Rammpfähle. Zbl. der Bauverw. 50, S. 618.

KÖGLER (1931) Über Baugrundprobebelastungen. Die Bautech-
    nik 9, S. 357.

CUMMINGS (1936) Dynamic pile driving formulas. Boston
    Society of Civil Engineers.

KREY (1936) Erddruck, Erdwiderstand. Wilhelm Ernst & Sohn
    Berlin, S. 166.

AGATZ (1939) Entwurf eines Pfahlrostes nach dem Verschie-
    bungsverfahren. Proceedings ASCE 65, S. 114.

HOFFMANN (1943) Der Rammschlag. Forschungshefte Stahlbau
    Berlin, Heft 6, S. 55.

TERZAGHI/PECK (1948) Soil mechanics in engineering
    practice. Wiley & Sons New York.

HOFFMANN (1948) Beitrag zur Frage der statischen und
    dynamischen Pfahltragfähigkeit. Abhandlungen Bodenmech.
    Grundbau Berlin-Bielefeld-Detmold, S. 150.

CHELLIS (1948) A study of pile friction values. Proc. II.
    Int. Conf. Soil Mech. Found. Eng. Rotterdam, Bd. V,
    S. 142.

KERISEL (1948) Pile foundations, pile loading tests.
    General report. Proc. II. Int. Conf. Soil Mech. Found.
    Eng. Rotterdam, Bd. VI, S. 119 und 129.

THORNLEY (1948) Pile test programs. Proc. II. Int. Conf.
    Soil Mech. Found. Eng. Rotterdam, Bd. V, S. 136.

AHRENS (1948) Bericht über die Durchführung der Probebe-
    lastung eines Frankipfahles mit 500 t. Abhandlungen
    Bodenmech. Grundbau Berlin-Bielefeld-Detmold, S. 157.

CONVERSE (1948) The determination of pile bearing
     capacity from sub-soil investigations and laboratory
     tests. Proc. II. Int. Conf. Soil Mech. Found. Eng.
     Rotterdam, Bd. V, S. 140.

LOOS (1950) Die Beziehung zwischen Pfahlformeln und Be-
     lastungsversuchen. Die Bautechnik 29, S. 53.

ALLIN (1951) The resistance of piles to penetration.
     London.

SCHENK (1951) Der Rammpfahl. Berlin.

GRASSHOFF (1952) Zur Frage der dynamischen Rammformeln.
     Die Bautechnik 29, S. 53.

ASTM D 1143 - 50 T (1952): Tentative method of test for
     load-settlement relationship for individual piles.
     Book of ASTM Standards, Teil 3, S. 1481.

DIN 1054 (1953): Gründungen. Zulässige Belastung des Bau-
     grundes. Richtlinien.

SCHULTZE (1953) État actuel des méthodes d'évaluation
     de la force portante des pieux en Allemagne. Ann. Inst.
     Techn. Bât. Trav. Publ. 6, S. 305.

NANNINGA (1953) The problem of pile driving. Proc. III.
     Int. Conf. Soil Mech. Found. Eng. Zürich, Bd. II,
     S. 285.

MEYERHOF (1953) Recherches sur la force portante des
     pieux. Ann. Inst. Techn. Bât. Trav. Publ. 6, S. 371.

VAN DER VEEN (1953) The bearing capacity of a pile. Proc.
     III. Int. Conf. Soil Mech. Found. Eng. Zürich, Bd. II,
     S. 84.

MANSUR/KAUFMANN (1956) Pile tests, low-sill structures,
     Old River Louisiana. Proc. ASCE 82, SM 4, Paper 1079.

POGGENSEE (1956) Anwendung und Kritik von Rammformeln.
     Mitt. Bundesanstalt Wasserbau Karlsruhe, H. 6, S. 34.

MENZE (1957) Über die Tragfähigkeit von Rammpfählen unter
     Berücksichtigung des Kräfteverlaufs beim Rammen. Mitt.
     Franzius-Inst. TH Hannover, H.10, S. 120.

SCHUBERT (1957) Zur Frage der Rammformel. Wissensch.
     Ztschr. Hochschule f. Bauwesen Cottbus 1, S. 17.

IRELAND (1957) Pulling tests on piles in sand. Proc. IV.
     Int. Conf. Soil Mech. Found. Eng. London, Bd. II.

AMERICAN ASSOCIATION OF STATE HIGHWAY OFFICIALS (1958)
    Standard Specification for Highway Bridges.

PETERMANN/LACKNER/SCHENK (1958) Tragfähigkeit von dünnen
    Stahlbetonpfählen. Gründungen im Wohnungsbau Berlin,
    S. 1.

MUHS (1959/63) Versuche mit Bohrpfählen. Wiesbaden-Berlin,
    Teil 1 und 2.

SKEMPTON (1959) Cast in-situ bored piles in London clay.
    Géotechnique 9, S. 153.

KEZDI (1959) Bodenmechanik. Akadémiai Kiadó Budapest.

DIN 4014 (1960): Bohrpfähle. Herstellung und zulässige
    Belastung. Richtlinien.

PETERMANN (1960) Reihenversuche an Stahlbetonpfählen in
    Bremen. Vorträge der Baugrundtagung Frankfurt a.M.,
    S. 195.

JÄNKE (1963) Überprüfung der Brauchbarkeit von Pfahlformeln
    an Hand von Probebelastungen und Messungen an Stahl-
    pfählen. Mitt. Bundesanstalt Wasserbau Karlsruhe,
    H. 19 und Baumaschine und Bautechnik 10, S. 47.

MUHS (1963) Groß-Versuchsprogramm über die Ramm- und
    Tragfähigkeit von Stahlrammpfählen. Der Bauingenieur 38,
    S. 448.

VESIČ (1963) Bearing capacity of deep foundations in sand.
    Georgia Inst. of Technology. Ann. Meet. Highway
    Research Board Washington.

DIN 4026 (Entwurf 1965): Rammpfähle. Herstellung und zu-
    lässige Belastung. Richtlinien.

SCHULTZE/MUHS (1967) Bodenuntersuchungen für Ingenieur-
    bauten, 2. Aufl. Springer-Verlag Berlin-Heidelberg-
    New York.

Sachverzeichnis